KINZAI バリュー叢書

自動車DXと車載コンテンツ市場

株式会社日本総合研究所
程塚　正史［著］

一般社団法人 金融財政事情研究会

はじめに

今から25年前、後にスマホと呼ばれる手のひらサイズのコンピュータの普及を予測できた人は少ない（1998年当時の日本では「着メロ」が流行していた）。そのさらに25年前、自家用車はまだようやく一般化し始めたころだった（1973年時点の日本での乗用車保有台数は現在の５分の１程度だった）。さらに25年さかのぼると、テレビの放映は始まっておらず（日本での白黒テレビ放映開始は1953年だった）、そこからさらに25年前は都市部で電灯がやっと当たり前になってきた頃だった（東京市内ですら電灯が完全普及したのは1912年だった）。

産業革命以来というべきだろうか、四半世紀が経てば時代は一変する。いま、自動車産業は100年に１度の変化のときといわれ、何かしらの重大な変化が起きるとの認識を多くの業界関係者がもっており、駆動装置の電動化や自動運転システムの実装がすでに進みつつある。しかしそのような装置やシステムの変化が起きた後、クルマはどのように使われるのか、何がクルマの価値としてみなされるようになるのか、具体的なイメージはまだ共通認識になっておらず、今後さらなる議論の活発化が待たれる状況といえる。

本書では、車室内でのデジタルコンテンツに注目する。デジタルコンテンツとは、利用者がディスプレイ操作や音声によって指示を出すことで、あるいは指示がなくても利用者の意図をクルマが汲み取って、車室内の１つあるいは複数の装置が動作し、映像や音楽・音響効果などによって利用者の五感に刺激を与えるものだ。今後、窓越しにみえる実際の景色に重ね合わせたXRや、視覚や聴覚だけでなく触覚や嗅覚も含めた総合的なものなど、高度なコンテンツが普及することが見込まれる。

このような車載コンテンツによって、移動体験は劇的に変わる。これまではできるだけ短くすべき、安くすますべきとみられがちだった移動時間は、車載コンテンツによってその時間こそが価値あるものとして位置づけられるようになる。クルマは、出発地から目的地まで身体をMOVEするだけでなく、多様な車載コンテンツによって気持ちをMOVEするものになる。これは、忙しない移動に慣れてしまっている現代人の私たちにとって、移動の価値を取り戻す契機になるかもしれない。

本書では、車載コンテンツの高度化・多様化という方向性とその先の変化に関してまじめにかつ楽しく考える。電動化や自動運転は、いわば自動車産業の「すでに見えている山」であり、この頂に向かって自動車関連やIT系の大手企業、テックベンチャーなど多くのプレイヤーが走り始めている。一方で車載コンテンツに関しては「まだ全貌が見えない山」といえる。山頂がどこにあるのか、どのくらい高く険しいのか、登り切ったときにどのような景色がみえるのか、まだまだよくわからない。しかし実はこの山の頂こそが、自動車産業やモビリティサービスの新たな地平を見渡すための場所なのではないだろうか。その可能性を、本書を通じてお感じ取りいただきたい。

第1章は、一般論として、自動車を含め工業製品がDX（デジタルトランスフォーム）するとはどういう現象なのか、利用者からみてなぜ自動車にDXが望まれるのかという点に関して整理する。第2章と第3章はいま現在起きつつある変化の整理で、第2章では自動車を構成する個別製品や技術の動向を、第3章では新興EVブランドをはじめ世界の自動車メーカーなどが発信しているコンセプトや、量産車種で実装され始めている機能を整理する。

第4章以降は今後の変化に関して検討する内容で、第4章では空間コンピュータとして位置づけられるクルマがもつことになる新たな特性やデジタルコンテンツの可能性を概観し、第5章ではそもそも人はなぜ移動するのかという視点を置いたうえでコンテンツの具体的なユースケースを考える。第6章ではもう一度抽象化し、クルマの進化によって起きるグローバルとローカルそれぞれでの産業の変化や新たな動きを論じる。最後の第7章は全体のまとめとして、クルマの利用価値、製品構造、ビジネスモデルが変わる旨を述べたうえで、今後の課題を抽出する。

どこから読み始めてくださってももちろん問題ないが、おおむね、第1章から第3章がひとまとまり、第4章から第6章がひとまとまり、第7章が締めという構成となっている。前半は一般論の整理を、後半は未来のイメージの叙述を試みた。

おそらくいまから25年後には、クルマはいまの自動車とはまったく違うモノになっている。25年後どころか、5～10年以内には一部が新たなカテゴリの製品として位置づけられ始め、そこから次第にあるいは一気呵成に広がるという流れになる。なぜなら、それだけの変化を実現するための要素技術がすでにあり、利用者側には変化を受け入れるだけの潜在的なニーズがありそうだからだ。あとは、その技術のもう一押しの進化と、ニーズの顕在化と、関係するプレイヤーの協力体制づくりと、制度的な対応が待たれるのが現在の状況といえそうだ。

日本にいると、良くも悪くも比較的安定した社会で、新たな変化が起きる兆しはみえにくいし、変化を起こそうという意欲も湧きにくい。しかし本書で論じるような変化が起きれば、きっと、わくわくするような移動体験ができるようになる。デジタルコンテンツによって、移動時間は豊かで価値あるものになる。

本書は、自動車業界の関係者だけでなく、地域の自治体や金融機関、移動の目的地となる商業施設や行楽施設などの場をもつ皆さんにも読んでいただきたい。また映像やゲームコンテンツの関係者や、広告関連事業の方々にも関心をもっていただきたい。自動車業界関係者の方には、門外漢が論じる妄想と感じる向きもあるかもしれないが、技術や製品ではなく産業や社会の変化に関する話としてとらえてほしい。地域側やコンテンツの関係者の方には、クルマによる新たなチャンスの可能性を感じ取っていただきたい。車載コンテンツが切り開く新たな世界の検討に、どうぞお付き合いください。

目　次

第4章 空間コンピュータとしてのクルマ

第5章 近未来のクルマのユースケース

第6章 車載コンテンツが呼び込む新たなステイクホルダー

本文イラスト：デザインスタジオ・maru

自動車DXの兆し

CASEはConnectedへ

自動車産業は大きな変革の時期にある。もしかしたら10年後の自動車はいまとはまったく違う姿形や役割になっているかもしれないという期待感や危機感を多くの人がもっている。好調を維持しているようにみえるトヨタ自動車の豊田章男社長（執筆時点）は、いまが「100年に一度の大改革の時代」であるといい、自社や業界の変革の必要性を繰り返し説いている。

その背景にあるのが、CASEだ。Connected（自動車のインターネット接続）、Autonomous（自動運転機能の普及）、Share（シェア利用の浸透）、Electricity（電動化）の４つの頭文字で、自動車産業の変化を表す言葉として業界関係者の間でよく用いられており、自動車業界には「CASE事業部」など、部署の名前にしている企業もある。この言葉が初めて使われたのは、ダイムラー（当時）のツェッチェ会長（当時）による2016年の会見のなかとされるが、それから７年以上が経ったいまでもこの言葉の鋭さは色あせていない。

筆者自身、ツェッチェ会長の会見記事を読んだ直後から的を射た表現だと感じ入り、ぜひみなに共有したいという思いから周囲の人たちに紹介して回った。当時はCASEという言葉を説明してほしいというだけの理由で、新聞や雑誌の記者さんがわざわざ取材に来てくれた。自動車業界の関係者が漠然と感じていた大きな変化を、鮮やかに一言でまとめる表現だったといえる。2010年代から2020年代にかけての自動車産業を象徴する表現となるだろう。

CASE全体に対する期待感や危機感は、本書執筆時点の現在に比べておそらく2016年当時のほうが強かった。特に「A」の自動運転機能の普及と「S」のシェア利用の浸透に関してはその傾向が強い。2010年代半ばには、自動運転システムは急速に開発が進み、2020年代に入る頃には多くの乗用車が高速道路を自動走行することも想定されていた。近い将来には住宅街にも無人で走行する車両が入り込み、移動に困難を抱える高齢者支援などの社会課題を解決する手段として期待されていた。シェア利用の浸透は一気に進んで自家用車をもつ習慣がなくなり、全体の自動車販売台数が激減するおそれが指摘されていた。米国でUberやLiftが大規模な資金調達を繰り返し行ったのもこの時期だ。

しかしこのような期待やおそれは現実にはまだ実現していない。自動運転に関しては、システムの開発は日進月歩であり、それが実現されたときの社会価値は大きいものの、実装に向けてのハードルは技術的にも制度的にも非常に高く、公共の道路空間での不確実な状況変化に対応するためのシステム開発には時間がかかることがわかってきた。現在、開発主体である自動車メーカーもテック企業も、社会実装を進める政府も、定量的な明確なロードマップをあえて示さずに定性的な目標を提示している状況だ。たとえば日本では政府等が主宰する会議の場にて、おおむね2030年頃にレベル4（高度運転自動化）による無人運転サービスの本格普及というイメージが示されており、社会実装は2020年代を通じて漸進的に動くとの見方が一般的だ。

シェア利用に関しても、日本以外の多くの市場ではインターネット配車サービスが日常的に利用されるようになったものの、だからといって人々が必ずしも自家用車を手放すわけではないということがみえてきた。もちろん東京のようなメガシティの中心部では自家用車をもたないほうが合理的という考え方はさらに広まったが、郊外や地方ではその限りではなかった。今後は、取得したデータの取扱いや、ドライバーへの保障などの取組みが必要となり、インターネット配車サービスは半公共的な交通インフラとして機能することが求められそうな状況だ。

「E」の電動化に関しては、2016年当時の想定どおりかそれ以上のスピードで変化しつつある。2010年代半ばのグローバルでのEVの販売台数は100万台程度だったが、2022年には1,000万台を超えるまでになってきた。5～6年間で10倍、10年前の2012年に比べると100倍の伸びをみせている。まずは中国市場にて自国産業育成という政府の思惑もあって拡大し、2020年前後からは欧州市場が急速に伸びている。今後、カリフォルニア州を起点に米国市場での普及が起きると考えられている。

カーボンニュートラルの流れを受け、先進国の各国政府は野心的な目標を示している。英国やドイツなど欧州主要国では2035年には全面的にEV化する方針を掲げた。それを受け世界の主要メーカー各社も電動化に向けてのロードマップを定量的に示しており、この流れは不可逆になりつつある。このような目標や方針は、絶対にそうなるわけではないが蓋然性の高い想定として共有されている。

以上のように、CASEという言葉の重みは変わらないものの、状況は徐々に変わっている。自動運転機能の普及、シェア利用の浸透、電動化といった3つの切り口に関しては、この先どのように変化するかという共通認識が次第に醸成されつつある。最前線で開発を進めるエンジニアの方々には大変失礼な言い方となるが、いわば「予定された未来」だといえる。

一方で、CASEの筆頭にあげられる「C」の自動車のインターネット接続に関しては、まだ十分な共通認識ができていない。インターネットに接続することがそもそもどの程度重要なのか、どのような変化が起きるのか、その変化がだれにどのような影響をもたらすのかまだ何ともいえない状況だといえる。

もちろん一部にはインターネットに接続された環境を活かして新たな取組みが始まっている。一般の利用者にとって最もわかりやすい例は保険会社によるデータ活用だろう。自動車の運転データを収集し、運転者の事故リスクを分析することで保険サービスの細分化や品質向上を図っている。データ収集のためのエッジデバイスとして現状はスマホが用いられることも多いが、今後は自動車そのものとのデータ連携が想定されている。自動車データをインターネット経由でクラウドにあげ、そのデータを保険会社が利用するという構造で、「C」による変化の一例といえる。

B2Bの領域では、自動車の走行データを活用した取組みは一般化しつつある。最もシンプルには自動車の位置情報を活用するもので、物流事業者やタクシー会社など多数の車両を管理するフリート事業者が業務効率化のためにデータ分析を行っている。インターネット配車サービスはこのような運用を最も大規模に行っている領域で、都市全体での車両走行データをリアルタイムで分析し利用者からの注文に応じて最適化を図っている。

位置情報以外のデータの活用も進む。自動車に搭載した加速度センサ等のデータから、地方政府などの道路管理者は道路の凹凸の検出を行っている。特定の地点で多くの自動車が上下に揺れるようであれば、その地点の路面に穴が空いている可能性が高いと推定するものだ。このようなデータは事故発生リスクの分析にも利用可能ともいわれる。

個別の部品にセンサを搭載することでメンテナンスの予兆を発見することもできる。特にタイヤや、EV等の車載電池で活発化しており、タイヤメーカーはタイヤの状態診断のために独自のアルゴリズムを開発している。車載電池はEV普及とともにリユース・リサイクルの必要性が認識されつつあり、個別の電池ごとに最適な二次利用を図るためのデータ収集が始まっている。今後は、リアルタイムにコンポーネントごとのデータを収集することで、車検やメンテナンスのあり方も変わってくるだろう。

データ収集だけでなくシステム自体の変化も進む。エンドユーザーには直接にはみえないもののプレミアムブランドを中心に普及しつつあるのがOTAだ。OTAはOver the Airの略で、自動車に搭載されたソフトウェアの更新をインターネット経由で行うものとなる。特に先進運転支援システム（ADAS）や自動運転システムの領域で注目を集めており、メーカー側が開発し更新していくシステムを、自動車本体の販売後も順次ダウンロードしたり搭載したりすることが可能になっている。Teslaは、やや大げさにいえばビジネスモデルを新たにしており、自動運転システムのレベルを、価格の違う何段階かに分けて販売している。購入者は販売時点でシステムのレベルを選ぶことができるし、後から追加的なコストを支払うことでレベルを上げることもできる。

このような自動車本体の販売後のOTAによるシステム更新は、先進運転支援システム（ADAS）や自動運転システムだけでなく、車載電池のマネジメントシステムや、本書での重要な論点となる情報系システムでも同様に実施可能となる。この変化は、特に自動車という工業製品にとっては大きなパラダイムシフトだ。従来、自動車は安全確保の観点から販売開始時点で完璧に完成された製品で、不具合は絶対に許されず、万が一発生した場合にはリコールとなりメーカーには大規模な損害が発生するため、メーカーはねじ１本、ソフトウェア１行の間違いもないように徹底的に確認したうえで市場に送り出すものだった。このような観点から自動車は家電製品やスマホなどの電子機器と本質的に異なるととらえられており、自動車メーカーとしての自負の１つになっていると思われる。

しかしOTAによってシステムを後から更新できるようになると、乱暴にいえば、販売開始時点ではその製品は完成されたものではない。もちろん安全確保の観点からは、後で更新するからといって配信されるシステムに不具合があっていいわけではないが、安全性が担保されさえすれば新たな機能を追加していくことが可能になりつつある。販売開始時点での完璧さを追求するあまり自動車は電子機器に比べ柔軟性に欠ける面があったが、OTAによって少なくともシステム面では機能の追加や修正が可能となり始めている。利用者側からみるとシステムは順次ダウンロードして利用するものになり、「次はどんなソフトウェアになるのだろう」とわくわくしながら待つことになる。ちなみに、そのぶんハードウェアには若干の遊びをもたせて販売開始するようになる。なぜなら、後々のソフトウェアのアップデートを見越して設計されるようになるからだ。

このように、自動車のインターネット接続によっていくつかの変化がみられるが、これらは試行錯誤の段階といえる。特にOTAを前提とすることでどのようなシステムが利用可能になるのか、そのシステムはだれにとってどのように嬉しいのか、多くのプレイヤーが探索している状況といえる。CASEの「A」「S」「E」とは異なり「C」による本格的な変化はこれからで、「予定された未来」はまだみえておらず、いまはさまざまに夢想を広げるべき段階ととらえるべきだろう。

デジタル化によるトランスフォーム（DX）の可能性

一般論として、工業製品がインターネットに接続されるとデジタルトランスフォーム（DX）が起きる。DXの定義はあいまいで、一時的な流行語ではないかとの見方もある。たしかに100年後に通用する言葉とは思えないが、しかしたとえばIoT、ビッグデータ、クラウド、AIなど、この20年ほどの間に情報技術関連で流行してきた用語の総決算という位置づけを担っているように思われる。

これまでの流行語を簡単に振り返ってみると、まず「IoT」とは物がインターネットにつながるという趣旨で、身の回りのさまざまな工業製品にセンサが搭載され、センサによって収集されたデータがインターネット経由でどこかに送られるという現象であった。こうなると大量のデータが発生し、それは「ビッグデータ」と呼ばれさまざまな用途に用いられる可能性が期待された。しかしデータが膨大にあってもそれを解析できなければ意味がないこともすぐに共通認識となり、インターネット上でデータを管理する「クラウド」の必要性が認識されるようになった。クラウド層だけではなく、エッジデバイスとの中間にフォグ層が必要であるとの議論も行われた。いずれにせよデータをサーバーに蓄積し、適時適切に利用できるようになるという重要な変化が起きた。「AI」はこうして蓄積されたデータを活用して高度な分析ができるようになるという役割で、条件によっては人間よりも迅速で正確な判断が可能になることが明らかになりつつある。

それぞれの専門家からは異論もあろうが、大雑把にまとめると、この20年の間にデータの収集、管理、分析がそれぞれ高度化してきたという流れになる。偶然か必然か、収集して管理して分析するという、データ活用の流れに沿って用語が流行してきた。だれかが意図したわけではないと思うが、人類全体としてデータ活用の高度化が進められているといえる。とはいえこれまでの流行語は、データ活用の１つの側面に焦点を当てた議論が中心だったように思われる。一方でDXとは、これらのデータ活用技術を用いて起きる変化を表しており、なんらかの業務や事業、ひいては産業のあり方を変える可能性を示唆するものといえる。

DXにはさまざまな側面がある。事務作業の効率化や生産工程の変化もDXの定義の範疇となる。ここでは、工業製品のDXという趣旨で取り上げたい。そのようなDXの好事例として、航空機エンジンや体組成計があげられる。いずれも、当然ながらもともとはデータ通信をしない工業製品で、前者はB2Bで航空機メーカーに納入するもの、後者は一般的にはB2Cでエンドユーザーに提供するものであった。

航空機エンジンは自動車と同様かそれ以上に完璧さが求められる。そのためGEやロールスロイスのようなエンジンメーカーは航空機メーカーに納入する時点で万全な完成品とし、その後は耐用期間の間、航空会社からの要請に応じてメンテナンスの対応をするという事業であった。そのようなビジネスモデルが数十年間続いた後、2010年代前半にGEがDXを起こし始める。エンジン内部にセンサを埋め込み、遠隔でエンジンの状態をモニタリングし、なんらかの不具合の予兆がある際には要請がある前にメンテナンスを行うというものだ。また、燃費効率の良い飛行ルートの提案なども行うようになる。

完成品を提供して対価を受け取る対象は引き続き航空機メーカーであるものの、モニタリングやメンテナンス、飛行ルート提案などのサービスを提供する対象は航空会社となった。また、モニタリング等のサービスでフィーを得ることができるため、完成品提供時の価額を一定の範囲で調整できるようになった。航空会社にとっても自社で点検する手間が省け、コストをランニングに寄せられるようになり、燃費を節約できるというメリットを得ることができた。エンジンメーカーとしては製品にセンシング機能を取り付け、運営体制にモニタリングチームを設けることで、このようなDXを実現したという変化であった。

体組成計は、自動車と同様にエンドユーザーが日常的に使う製品だ。そのためタニタやオムロンのような体組成計メーカーは家庭内で親しみやすい外観デザインで製品を提供してきた。もともとは体重のみを測る器具で、その際はグラム単位で正確に計測できることが競争軸であった。重量センサ以外のセンサを取り付けて脂肪率やBMI等を測れるようになってからも、計測値の正確さが勝負という時期が続いた。そのようななか、2010年代前半にタニタがDXを起こし始める。体組成計のデータをクラウドに飛ばして、さらにそのデータや分析した内容を利用者のスマホなど手元の電子機器に送るというサービスだ。

引き続き体組成計を数千円から数万円で販売すると同時に、販売した以降にエンドユーザーに対して直接情報提供することが可能となった。そして提供するのは数字だけの情報ではなく、その数字を時系列に図解してみせるのはもちろんのこと、それらのデータをもとに体調管理や体形維持のためのアドバイスを行うサービスへと進化した。多くの利用者にとって、体重や体脂肪率などの数字の正確さより、普段はどうしても面倒に感じてしまう体調管理に楽しく前向きに取り組めるようになる、その働きかけの巧みさが大事になっていった。

体組成計メーカーは、体組成計自体をコアデバイスとしつつ、データ解析のアルゴリズムやアプリケーションのUI設計などの開発に重点を置くようになった。そのために自社内にデータチームを組成するとともに、外部のソフトウェア事業者との連携を推進した。デバイスとシステムのどちらが主かという議論におそらく意味はなく、デバイスとシステムが一体となった製品として提供することでDXを実現したというものであった。さらにメーカーのブランドとして「健康をつくる」というイメージを強化し、飲食やフィットネスなど周辺領域への展開を図っている。

航空機エンジンや体組成計の事例から、工業製品のDXには次のような３つの変化があると考えられる。

１つめは、ユーザーにとっての利用価値の変化だ。もともと多くの工業製品は購入した時点でメーカーとユーザーとの関係はほとんど途切れていた。しかしその製品がインターネットにつながったことで、購入後も継続的にメーカーとコミュニケーションできるようになり、場合によっては製品本体のメーカーではなく第三者のアプリケーション開発者からのサービス提供が可能となった。一部の体組成計ユーザーのように、むしろアプリケーションのほうに価値があるとみなすようになることもある。利用価値は、「正確に体重が測れる」から「楽しく体調管理ができる」になった。一般論としては、製品自体への関心は相対的に小さくなり、製品から得られる体験に価値が移るといえる。

２つめは、製品構造の変化だ。製品のあるべき仕様の変化といってもよい。利用価値を変えるため、あるいは利用価値が変わったことで、もともとその製品が有していた機能のうち強化すべきものと省略すべきものが出てくる。デバイスそのものには、センシング機能、通信機能、魅力的なUIが不可欠となる。それらに加えてユーザーからはみえないところで、データ蓄積機能や分析機能が求められる。航空機エンジンメーカーは自社に大規模な解析ルームを設け、世界各国に散らばっている自社製品を常時モニタリングするようになった。

一方で、これ以上開発しても性能を上げられないという機能は重要ではなくなり、場合によっては重視されないようになった。たとえば完璧な製品である航空機エンジンも、内部にあるボルトの緩みを永遠に発生させないことはまず不可能で、むしろいつか緩みが発生することを前提にその予兆を検知する機能を強化することに重点を置き、固定性や耐久性は現状の水準でよいとするようになった。従来は固執していた機能の一部を現状のままで満足するものとし、システム面の強化を図るという構造になる。場合によっては、DX以前に重視されていた機能の一部は、そこまでの性能は要らないというものになる。

３つめは、製品を取り巻くビジネスモデルの変化だ。完成品のメーカーを起点にすれば、サプライチェーンの川下側はエンドユーザーまで、川上側はセンサ等の部品メーカーまでを俯瞰的にとらえて収益構造を設計することが可能かつ必要になる。特に重要なのはシステム関連のパートナーで、B2CであればUIとなるアプリケーションをデザインできる外部のプレイヤーが不可欠になる。航空機エンジンの場合は航空会社との関係構築が重要になり、航空会社の業務の流れを理解したうえでランニングフィーを設計するようになった。体組成計の場合はエンドユーザーの生活実態への理解をさらに深めたうえで、アプリケーション提供者と協業するようになった。

利用価値や製品構造が変わることで、必要となるプレイヤーや、価値の創り方や届け方が変わる。航空会社やエンドユーザーのような製品の利用者との関係性を継続的に構築し、データを価値ある情報に変換する役割を担う主体が必要になる。おそらく多くの場合は完成品のメーカー自身だけで完結することはなく、従来は関係がなかった業界の関係者も含めてパートナーを募るようになり、関係者を糾合するかたちでエコシステムの構築が求められるようになる。完成品のメーカーとしては、自社の事業領域の拡大につながる機会である一方、価値の源泉が他社のサービスに移るかもしれないという脅威になる。

このように、工業製品がインターネットにつながることで、利用価値の変化、製品構造の変化、ビジネスモデルの変化というトランスフォームが起きる。2010年代半ば頃から自動車のインターネット接続による変化の方向性が模索されているが、本格的な変化はこれから起きる。自動車は身近にある工業製品のなかでは最も、製品構造もビジネスモデルも複雑で精緻に組み上げられたものといえるため、なかなかそのような変化が起きにくい。とはいえ、自動車の利用価値が変わり、製品構造が変わり、ビジネスモデルが変わっていくのは、2020年代以降の必然といえる。

CASEという構造変化のなかで、最初になんらかの自動車DXを引き起こし始めるのは自動運転を起点とする動きだろう。自動運転は、自動車が周辺の環境をセンシングして、そのデータをエッジ側で処理するだけでなく、道路インフラや各種クラウドサーバーなどとインターネットを通じて通信することで実現するものだ。ConnectedがあってこそのAutonomousという位置づけとなる。

本書では後述するように車室内のデジタル化を中心に議論を進めるが、自動運転は今後、シェア利用の進展と組み合わされることで自動車DXを起こす。というのも、自動車がすべてシステム制御によって自動で動くようになれば、運転する喜びなど自動車が従来提供してきた特性の一部がなくなったり変わったりするからだ。峠道を愛車で駆け抜けるのが気持ちいいという世界はおそらくニッチなものとなり、もしかしたらすべての自動車はすべての道を、常に一定の緩やかな速度で淡々と移動するという製品になるかもしれない。少なくとも、加速の良さやカーブを曲がる際のグリップ感などは不要のものとなる。

また、現在の自動車は人間が運転するのに適した構造になっているが、自動運転になればその必要もなくなる。たとえば現状のバスのような直方体の構造になり、低速で走るのであれば空気抵抗などは二の次の問題になるのかもしれない。都市部など移動量が一定規模で発生する地域などでは、公共的な役割を担う自動走行する移動体が定常的に走行するようになり、自家用車保有のメリットはさらに低下する。そうなれば自家用車として販売するという自動車産業の一般的なビジネスモデルは変わらざるをえない。

自動運転技術の社会的な実装にはまだまだ課題もあり、上記のような変化が社会全体で起きる時期はまだみえないが、おそらく特定のエリアでの動きが今後加速する。自動運転を起点として、製品の利用価値、製品の構造、ビジネスモデルが変わりうる。先ほど定義した工業製品のDXそのものとなる。自動運転やシェアサービスは、2010年代半ば時点での期待感や危機感ほどには急速に進んでいないものの、とはいえインターネット接続がさらに進むことで自動車産業にDXを起こすのは自然な流れだろう。そのような「予定された未来」はすでにみえている。そしてそのような変化が共通認識となると、その変化を前提としてさらに次なる変化が検討できるようになる。

3 どきどき・わくわくの復活

工業製品のDXとして、利用者にとっては製品の価値が変化することが最も重要だ。従来は、ポジティブにいえば慣れ親しんだもの、ネガティブにいえば代わり映えのしないものとしてとらえられていた工業製品が新たな付加価値をもたらしてくれるようになる。上記では身の回りの製品の代表例として体組成計をあげたが、現状では高価格帯のためか大規模には普及していないものの、在庫を検知して知らせてくれる冷蔵庫や、レシピをダウンロードして調理してくれる各種調理家電など、身近な製品でのDXは少しずつ進んでいる。

スマホは、製品コンセプトとしては手のひらサイズのコンピュータで、スマートな「フォン」と名付けられたのはエンドユーザーに電話の延長線上の製品としてとらえてもらうことで購買の「敷居を下げる」ためであったといわれるが、携帯電話がDXを起こしてスマホやスマホ関連のアプリケーションが生まれたという見方もできる。PCも卓上計算機が飛躍的に高機能化しインターネットに接続されていまの姿になっているといえる。スマホやPCも、従来の製品がDXして生まれたものといえる。インターネットにつながることは、利用者にとっての価値を高める絶好の機会である。

ところで、若者の自動車離れが指摘されるようになって久しい。日本では2000年代の前半頃からといわれているので、自動車離れしているのはすでに40代まで含むようになっている。その理由について、自動車メーカーはもちろん、コンサルティング会社や広告代理店などさまざまな主体が分析し、都市人口率が向上したため、所得の想定的な低下や雇用不安が広がっているため、趣味が多様化したためなどさまざまな点が指摘されてきた。

1955年に当時の通産省が「国民車構想」を掲げ、日本で本格的にモータリゼーションが進み始めたのは1960年代後半からであった。1965年度時点の日本では、自動車保有台数は720万台程度、しかもその過半はトラックが占め、乗用車はその３分の１の220万台程度であった。そこから一気に普及し、10年後の1975年度には自動車全体の保有台数は2,800万台を超え、乗用車も1,700万台となる。それでも、たとえば2021年度の自動車保有台数は7,800万台、乗用車は6,200万台で、1970年代の自動車の普及状況は近年に比べればかなり小さかったといえる。

つまり1970年代頃までに幼少期を過ごした世代にとっては、子ども時代、自家用車はまだ珍しいものだったと思われる。1970年代を通して乗用車は1,500万台以上増えている。この頃に初めて自家用車を購入した世帯も少なくとも1,000万世帯以上はあったと推定され、その際その家庭には強い高揚感をもって迎えられたと想像される。おそらくその高揚感は、製品の存在感からして、2000年代に初めてスマホが購入された時以上のものだっただろう。

翻って、大雑把にいって1980年代以降に幼少期を過ごしたよりも若い世代にとって、自家用車はさして珍しいものではない。生まれてからずっと当たり前のように身近にある製品であり、乱暴にいえば「車を買った？　だから何？」くらいのとらえ方しかされないのは、幼い頃からの体験によるものと思われる。それ以上の世代が、自家用車を購入する際に「どきどき・わくわく」を味わうことを原体験としてもっているのと比べたら大きな違いだろう。もちろんこれは個人差が大きい話なので世代で一括りにするのは不適切な面もあるが、時代の流れとしてはこのようになる。

この変化に危機感を最も抱いているのはやはり自動車メーカーであり、その業界団体である一般社団法人自動車工業会（以下「自工会」）も大規模かつ継続的な調査を行っている。具体的には２年おきに「乗用車市場動向調査」を実施しており、特に2008年度には「クルマ市場におけるエントリー世代のクルマ意識」との副題で若者の自動車離れに関する大規模調査を行っているが、以下ではこれらの自工会調査の内容から、自動車がDXを起こすことの必要性や重要性について検討してみたい。

2008年度の調査では、若者の自動車離れの理由を、入念な調査の結果として、①「クルマ購入意向の阻害要因」をクルマに感じるベネフィットの薄れ、②地球環境に対する負担意識や事故などのリスク意識の高まり、③コスト、労力などの障害の高まりの３つにまとめている。

自動車離れに関する調査は2010年代になってからも続けられ、「車を買いたくない理由」のアンケート調査が毎回まとめられており、直近２回（2019年度版、2021年度版）のトップ10の

図表１－１　「車を買いたくない理由」トップ10

2021年調査		2019年調査		車を買いたくない理由
ランク	支持率	ランク	支持率	
１位	40%	１位	40%	買わなくても生活できる
２位	27%	２位	28%	駐車場代などいままで以上にお金がかかる
３位	27%	３位	28%	自分のお金はクルマ以外に使いたい
４位	26%	４位	24%	運転に自信がない
５位	24%	５位	21%	車に対して興味がない
６位	16%	６位	19%	貯金が少ない
７位	14%	８位	14%	あおり運転などで危険な目にあいたくない
８位	13%	９位	13%	責任が発生する
９位	12%	７位	11%	環境に悪いイメージがある
10位	10%	－	－	レンタカーで十分
－	－	10位	10%	他のものに興味がある

（注）
出所：自工会データを筆者加工

図表1－2　自動車購入の阻害要因とCASEの関係

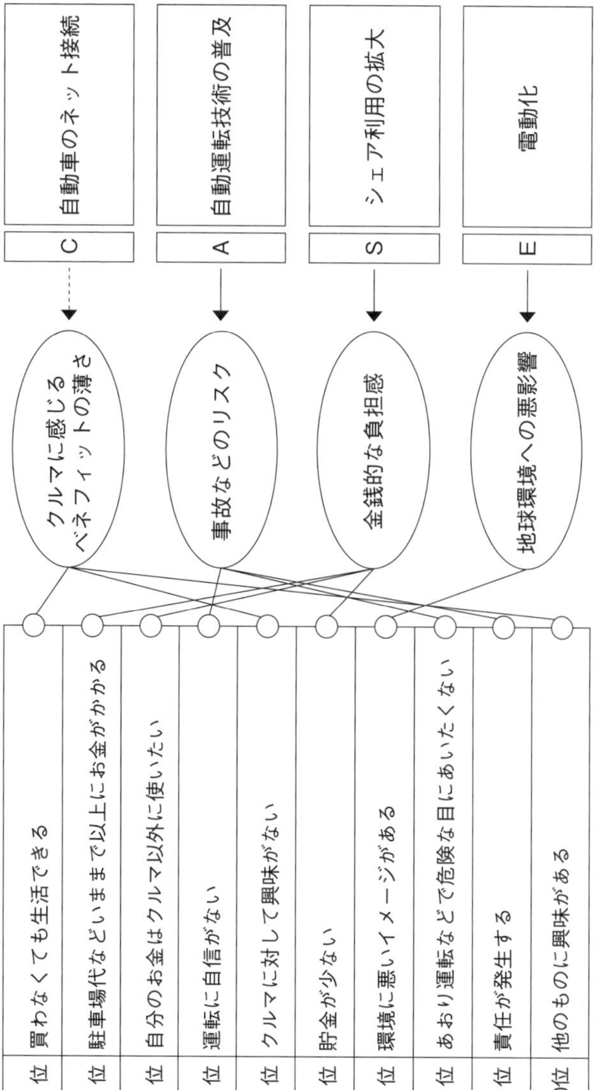

1位　買わなくても生活できる
2位　駐車場代などいままで以上にお金がかかる
3位　自分のお金はクルマ以外に使いたい
4位　運転に自信がない
5位　クルマに対して興味がない
6位　貯金が少ない
7位　環境に悪いイメージがある
8位　あおり運転などで危険な目にあいたくない
9位　責任が発生する
10位　他のものに興味がある
クルマに感じるベネフィットの薄さ
事故などのリスク
金銭的な負担感
地球環境への悪影響
C
A
S
E
自動車のネット接続
自動運転技術の普及
シェア利用の拡大
電動化

出所：筆者作成

理由は図表１－１のとおりであった。なかでも「買わなくても生活できる」という理由が最も多く、必要なければ自家用車は不要との認識が広がっていることが見て取れる。

2010年代の調査結果も、結局のところ2008年度調査での３つの整理とほぼ同様の趣旨であるように見受けられる。つまり自動車を買うにあたっての阻害要因は、自工会の表現を拝借しつつまとめると、①クルマに感じるベネフィットの薄さ、②事故などのリスク、③金銭的な負担感、④地球環境に対する悪影響への懸念、と整理することができる。自工会が2008年にまとめた３つの整理をこのように４つにまとめ直すと、CASEとの対応関係が浮かびあがる（図表１－２）。

まず電動化は、自動車による環境負荷の軽減であり、阻害要因④への対応といえる。シェア利用の拡大は、自動車の共有によるトータルコストの軽減であり、阻害要因③への対応だ。自動運転技術の普及は、当面は先進運転支援システム（ADAS）の高度化であり事故リスクの軽減に役立つもので、阻害要因②への対応となる。このように、CASEのうち「A」「S」「E」の変化が進むことで、現状の阻害要因を克服することができるようになると見込まれる。CASEという切り口は需要側の思惑を汲み取ったものとなっており、やはり偉大である。

さて直近２回の調査で「車を買いたくない理由」連続トップである「買わなくても生活できる」から導かれる、阻害要因①「クルマに感じるベネフィットの薄れ」に関しての対策が急がれる。これは、DXで最も重要な変化はユーザーが感じる価値の変化だと論じたように、「C」の自動車のインターネット接続が突破口となるかもしれない。

もう一度、2008年度の大規模調査の内容からヒントを抽出したい。この調査では、「クルマに感じるベネフィットの薄れ」の原因として、「多様な財への関心の広がり」という変化が指摘されている。さらにその背景には、身の回りのモノが以前に比べて増えたという変化があると分析されており、ここでいう「モノ」とはパソコン、携帯音楽プレイヤー、通信機器などで、いわゆるデジタルデバイスを指す。デジタルデバイスへの関心が高まったことで自動車への関心が相対的に薄れたという洞察だ。

このようなデジタルデバイスに感じるベネフィットのトップは「心がどきどき・わくわくすること」とされる。これも自工会の2008年度調査からの引用だ。ここからは推論になるが、反対に、自動車には「どきどき・わくわく」が薄れているということになる。幼い頃から自家用車は身近にある存在で、もちろんさまざまな機能が加えられたり性能が上がったりという動きはあるものの、自動車の役割そのものが劇的に変わることはないなかで、毎年新しい車種が登場したとしても、そこにデジタルデバイスほどの「どきどき・わくわく」を見出すのは残念ながらむずかしくなっているということだろう。このようなデジタルデバイスへの関心の強まり、相対的な自動車への関心の薄れという変化は、2010年代を通じてスマホが普及したことでさらに進んでいる可能性が高い。

では自動車が「どきどき・わくわく」を取り戻すにはどうしたらよいのか。新製品企画の際にアンケート調査を参照するのは負の側面がおおいにあることを承知しつつ、あくまで参考として自工会の2008年度調査を紐解いてみると、「クルマの性能・機能面に抱いている期待」として、「知りたい情報にクルマからアクセスできる」「車内でエンターテインメントが楽しめる」「会話のきっかけに最新ニュースやトピックスを（クルマが）教えてくれる」といった点があげられている。

これらの点は、インフォテインメント（“information”と“entertainment”を組み合わせた用語）とまとめることができる。インフォテインメントは、第3章でみるようにいくつかの自動車ブランドがすでにその試みを始めているように、自動車に搭載したソフトウェアを活用することで、適切な情報に適切なタイミングでアクセスしたり、車室内でエンタメコンテンツを楽しんだりという機能となる。

このようなインフォテインメントの機能は、スマホや体組成計の事例を持ち出すまでもなく、インターネットに接続することでさらに強化できる。さまざまなソフトウェアをダウンロードしてもらい、アップデートを繰り返すことで、エンドユーザーを飽きさせることなく各種コンテンツを提供できるようになる。これが実現できれば、自動運転とはまた違う切り口からの自動車DXとなる。

自動車は、それに慣れ親しみすぎた一部の層から「長らく代わり映えしない製品」とみられているかもしれないなかで、新たな「どきどき・わくわく」が求められている。エンドユーザーからの潜在的なニーズとして存在しているのは、おそらくインフォテインメントなどの車室内でのデジタル化であり、これは10年以上前からその可能性が指摘されつつも、エンドユーザーに「どきどき・わくわく」を再認識させるにはまだまだ至っていないものだ。

しかしインターネットに接続した工業製品はDXを起こし、新たな価値を芽吹かせることができる。そしてやり方によっては、デジタル化した車室内空間での体験を一変させることができる。予定された未来はまだみえないが、試行錯誤はすでに始まっている。自動車の利用価値を変え、そのために製品構造もビジネスモデルも変えるとはどういうことなのか、次章以降にてその可能性を探っていきたい。

第2章

要素技術の進化にみる車室内空間の方向性

自動車DXを促す技術領域

自動車を購入する際に何を重視するか。この点については調査する主体によって若干のばらつきはあるものの、一番は当然価格となる。その制約条件のもとで検討するというのが一般的な購買行動になるだろう。そしてその次に重視する点としてはデザイン（外観の意匠）があげられることが多い。自家用車がステータスシンボルという考え方は日本では過去のものになりつつあるが、それでもやはりかっこいい車、自分の好みにあった見た目の車に乗りたいという意向は強い。ライフステージに応じて選ばれるのも一般的な傾向で、独身か家庭持ちかという点や、子どもの年齢や人数によって好みの車も変わってくる。趣味による違いもあり、釣りやキャンプなど多くの荷物をもって遠出することが多い人は大きな荷室の車を好む。

このように、エンドユーザーからは自動車は総体としてみられることが多い。少なくとも購入時には、個別の機器、たとえばヘッドライトやシートなどを最重要の判断ポイントとしている人は多くはないだろう。もちろん、特にプレミアムブランドではライトもシートもブランドイメージを構成するコンポーネントとして重要で、こだわりをもってつくりあげられているが、それでもやはり購買時点では外観全体ほどの重要度ではないようだ。自動車用品店などでパーツを購入して取り換えるという人もいるが一部にとどまるのが現状だ。

しかし自動車は完成品としての側面のほかに、多種多様な部品や素材、コンポーネント、システムからなる個別製品の集合体という側面もある。ライトはライトに、シートはシートに特化したメーカーが存在しておりそれぞれ高度な技術やノウハウを有しているように、個別の製品自体が複雑な機構をもっている。

だからこそ自動車の産業構造は複雑で、特に日本ではその構造がピラミッド型といわれるほど、個別製品を取りまとめて自動車として完成させる自動車メーカーの影響力が大きい。自動車メーカーがユーザーのニーズを分析し、その分析に基づいて次世代の製品のコンセプトやデザインを企画するからだ。

一方で、さまざまな技術進化は個別の製品ごとに起きている。部品等を供給するサプライヤーも、大手であるほど自動車専業であることはむしろまれで、たとえば世界最大のサプライヤー企業であるBoschも、日本ではあまりなじみがないものの家電領域や都市インフラでの製品やサービスを有している。トヨタ系列の企業群のなかで最大規模のデンソーもさまざまな事業をもっており、2000年代前半まで携帯電話の開発を手掛けていたり、QRコードを開発したのも同社であることは世界的にも有名な話だ。異業種での知見が自動車に活かされるという好循環が働いている。

工業製品のDXはさまざまな技術を組み合わせて起きることを考えると、DXが起きる可能性や起きた際の方向性については個別技術の進化に着目する必要がある。前章ではマクロな視点からビジネスモデル全体や利用価値について俯瞰したが、それらはミクロな技術進化を組み合わせて成り立つ。技術進化の方向性を追いかけることで、自動車DXの方向性を見出すことができる。

本章では、自動車DXの可能性や方向性について、技術側の変化から考えてみたい。一般論としてDXに必要な技術は、データを収集し、管理し、分析する技術だ。これらが組み合わさることで新たな事業や製品が実現できる。もう少し細かく分解すると、センシング技術、エッジコンピューティング技術、通信技術、クラウド管理技術、AI等による分析技術、UI関連技術となる。フィジカル空間とサイバー空間を行き来し循環する構造で、これは2016年度に内閣府が提唱したSociety5.0の概念にもつながる。もちろん実際の構造はもっと複雑で、エッジコンピューティングにてAI解析が入ることでセンシングのやり方が動態的に変化したり、複数のデバイスが連携してサービスを提供する際にはエッジレベルでのデバイス間のデータ通信が発生する。複雑な機能が絡み合うなかで、思い切って整理するとこの6つになる。

前章ではDXの好事例として航空機エンジンと体組成計を取り上げたが、両者はまったく違う領域の製品であるにもかかわらず、それぞれに自動車と共通点がある。というのは、前者は人命を預かるという意味で、後者はエンドユーザーとの接点をもつという意味で自動車と同様だ。それぞれに製品やサービスとしてのむずかしさがあり、エンジニアや製品に求められる能

図表2－1　工業製品のDXに関連する技術領域

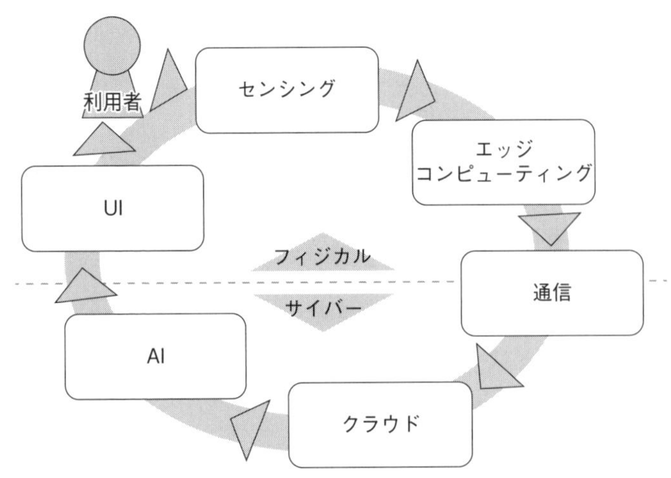

出所：筆者作成

力や機能も変わってくる。人命を預かる場合には完璧さが求められ、ユーザーとの接点がある場合は親しみやすさや柔軟さが求められる。自動車は両者を兼ね備える必要があり、完璧さと親しみやすさや柔軟さの両面が求められていて、自動車DXを実現するための技術も多岐にわたり複雑になる。

6つの技術領域のうち、完全にB2B製品であれば高機能なUIは不要となる。楽しげなUIではなく、実務的で効率的な処理が重視される。一方でシンプルなB2C製品であれば、センシングする対象やエッジ側のコンピューティング機能は比較的限定的なものにできる。しかし自動車は、ユーザーが高速道路を運転しているときも円滑にコミュニケーションできる洗練された

UIが必要となるし、自動運転のためにも車室内のインフォテインメントのためにも膨大なデータを収集することが必要かつ可能で、その処理に要するコンピューティング機能も求められる。

以上のように考えると、自動車ならではの動きとして注目すべきはフィジカル側のほうになる。つまりUI関連や、センシングやエッジコンピューティングだ。サイバー側やそれに近い、通信技術、クラウド管理技術、AI等による分析技術は、自動車以外の領域での進化と同様といえる。通信に関しては現在５Ｇへの移行が進んでおり、2030年頃からは６Ｇが利用可能になると見込まれている。５Ｇでは最大20Gbpsと大容量のデータ通信が可能で、複雑なソフトウェアを即時にダウンロードしたり、大人数でのリアルタイムの情報共有が実現される。クラウドやAIに関しても、非自動車領域での進化を自動車領域に応用することになる。

センシング、エッジコンピューティング、UI関連の３つの動きを観察することで、自動車ならではのDXの萌芽、特に車室内空間の進化の兆しが検討できる。以下では、それぞれの現状や今後の可能性について整理してみたい。

2 車内外のセンシングの多様化

自動車に関連するセンシングとしては自動運転の動きが真っ先に進んでいる。米国や中国を中心に、一目みて高性能そうな雰囲気を醸し出すセンサを屋根の上に搭載した車両が、自動運転システムの構築に必要なデータ収集のためにカリフォルニアや中国の大都市などの地域で頻繁に走行している。

屋根の上に搭載されているのはLiDAR（ライダー）で、場合によってはバンパー周辺なども含め１つの車両に数個が搭載されることもある。たとえばTeslaのようにLiDARを使わずカメラだけで自動運転を実現させる動きもあるが、自動運転技術の多くの開発主体ではこのLiDARのほか、ミリ波センサやステレオカメラといった複数のセンサを組み合わせて用いるのが現状では一般的だ。

LiDARは、近赤外線を照射して、その光が近くの物体に当たって返ってくるのを測定することで車両周辺の環境を測定している。対象物までの距離や対象物の形状を正確に測定できるのが特長となる。しかし近赤外線が遮られるほどの悪天候では計測ができないのと、近年は価格低下が進んでいるとはいえ依然として高価格であることが課題となっている。

ミリ波センサは、LiDARと同じく近くの物体から跳ね返ってくる波をとらえるセンサだが、近赤外線ではなくミリ波の電波を用いる。LiDARが苦手な悪天候の環境や夜間でも問題なく使用でき価格も安い。ただし前後方向の検知はできても上下左右方向の検知がむずかしい、電波を反射しない物体は検知しにくいという課題もある。

自動運転に用いられるカメラは、複数台を車両に搭載することで、多くの脊椎動物が左右２つの目でみることによって周辺の物体の距離を推定しているのと同様に、左右の視差を用いて周辺環境を認識する。画像をAIで分析することでその物体の属性を推定することも可能で、自動車なのか自転車なのか、信号が青なのか赤なのかを検知することができる。ただ西日が正面から差し込む瞬間など周辺環境によっては状況の判断が困難になるなどの課題もある。

このように長所・短所が異なる３種類のセンサと、デジタル地図情報やAIを組み合わせて自動運転が実現されようとしている。自動運転システムが実装されるようになると、今度は車外だけでなく車内のセンシングも重要になる。というのは自動運転のレベル３（条件付運転自動化。高速道路など一定の条件下ではシステムのみで運転するが緊急時などは運転者が操作することが前提）の場合、システムから運転者に運転する権限を移譲するという状況が起きるため、運転者が権限移譲されても問題ない状態であることを検知し続ける必要があるからだ。つまり運転者のモニタリングが必要になり、このようなシステムの搭載義務化が始まっている。最も心配されるのは運転者が眠ってしまうことで、運転者がそのような状態であれば自動走行を停止する必要が出てくる。

そのため、コンソールボード周辺など車室内にセンサを取り付け、運転者の覚醒状態をモニタリングし続けるセンサの搭載が始まっている。この場合のセンサとは典型的にはカメラで、運転者の前方に設置することで、運転者の表情から覚醒状態を判断するものだ。一定の精度までは、カメラだけでも十分といえる。

しかし運転者のモニタリングは人命のためであり、万が一、眠っていたのに権限移譲してしまったら重大な事故に直結する。きわめて高い精度が求められ、カメラ以外のセンサをあわせて用いることが検討されている。たとえば温度センサによって体温を測定したり、ハンドルやシートなど身体に接触する箇所にセンサを取り付けて心拍や脈拍を測定したり、マイクロ波センサによって呼吸の状態を検知したりという具合だ。プレミアムブランドを中心にAIスピーカーの搭載が始まっているなかで、運転者の声音を収集することも可能になる。

センサそのものだけでなく、センシングしたデータを解析するアルゴリズムも重要となる。体温や心拍・脈拍などから、運転者の眠気や疲労度を推定することはすでに可能であり、センサメーカー自身や電機メーカーあるいはテックベンチャーが、そのためのアルゴリズムの精度向上を競っている。

ここからは自動運転から離れた話になってくるが、このようにアルゴリズムによる解析が加わる段階になると、推定するのが覚醒状態や疲労度だけではもったいないということになる。というのも、自動運転の実装に伴って車室内の人物をセンシングするのはもっぱら安全確保の観点からで、眠気や疲れという状態を検知するのが当初の目的であるが、センサを用いることで、そのようなネガティブな状態だけでなく、心地よさや喜びというポジティブな状態の検知も可能になる。またネガティブな感情でも、怒りや悲しみなどの種類も推定できる。

日常の経験からも明らかなように、表情だけでもその人の気持ちをある程度推定できる。それと同様に、カメラの情報を解析することで喜怒哀楽の推定が可能になる。これはAIが得意な領域で、かなりの精度で的中させることができる。まなじりの角度、口角の動き、あごの上下動などから推定するようで、民族的な違いもアルゴリズム化されるようになっている。

たとえば米国のAffectiva社は、「人の感情を認識する最先端のAI技術を用いて新しい世界を創造する」と謳い、表情筋の動きから10種類の感情を測定することができるとしている。この分析技術は自動車向けに特化したものではなく対人営業の場面での活用などさまざまな用途が想定されているが、用途の1つとして運転者の感情を分析することが検討されている。すでに表情から感情を推定するシステムは無償公開されるレベルになっており、「喜び」「怒り」「悲しみ」「驚き」などを定量的に評価できるようになっている。

自動車の場合、上述のとおり用いるセンサはカメラだけでなく、センシングする対象は体温や心拍・脈拍などが加わりうる。自分自身の経験に照らしても、ポジティブにもネガティブにも興奮してくれば拍動は速くなるし、呼吸は小刻みになる。

自覚症状はないものの体温も上がるようだ。これらのデータを計測して気分の変化との関係を分析する研究も進んでいる。

無償公開されているシステムでも、カメラを通じて表情などをみるだけでなく、マイクから声のトーンやテンポなどを聞いて分析しているようだ。むしろ自動車以外の領域ではカメラが使えない状況を想定し、ウェアラブル端末を用いて心拍や声音のみから感情を分析する技術もある。表情と声音、さらには心拍など各種バイタルサインを通じての感情分析の実現可能性はもう半分以上見え隠れしている状況といえる。自動車関連メーカーでの応用開発の動きもあり、おそらく近い将来、車室内にいる人物の感情を、場合によっては人が人を観察するよりも高い精度で推定ができるようになる。

ここでのポイントは、車内にいる人物の感情を推定する目的だ。自動運転システムの実装に伴って眠気や疲れを検知するのは安全確保の観点からであったため、推定の精度は高い水準が求められる。しかし、心地よさや喜びといった感情を推定するのはその限りではない。自動車関連メーカーでこのようなアルゴリズムの開発を進めるのは、ナビシステムの効果的な利用や運転の癖を知るためとされている。つまり推定の精度が完璧である必要はなく、ある程度の水準で十分に利用価値が出てくるものとなる。

おそらくこのあたりは従来の自動車開発の常道からは外れるものになる。つまり人命を預かる駆動系の開発は万が一の不具合も許されないが、感情の推定はエンタメ的な要素を含んで開発されるべきものとなる。体組成計が測定の精度を競っていた時代から、体調管理のモチベーション向上を競うようになった変化と似ているかもしれない。いまは、開発思想の転換が求められる時代といえるだろう。

感情を定量的に評価する手法として、心理学の分野ではラッセル円環がよく用いられる。縦軸を覚醒度、横軸を快適度とするマトリクスに心的状態をプロットするものだ。これを応用すると、たとえば、覚醒度は＋３、快適度は＋５などの表現が可能となる。今後、車室内での感情推定が進めば、乗車中のラッセル円環上での推移を可視化することができるようになるかもしれない。

まだ研究開発段階のようだが、感情を推定するセンシングとしては、上述したほかに心電が重要になる。ハンドルやシートなどに電極を埋め込んでセンシングされる。心電は心臓が動く時に発する電気をとらえたもので、脳波の動きと近似的であり、心電のデータをとってそれを分析することで脳波解析に近い結果を導くことができるようになる。心電の正確なデータ取得ができれば、感情推定のブレイクスルーになるかもしれない。

また、感情の推定よりもシンプルな技術となるが、透過性レーダーによって車室内にいる人の有無や人数、体格を推定できるようになりつつある。このようなセンサを搭載し活用すれば、乳幼児置き去りなどの痛ましい事件は激減させることができるようになるし、人数や年齢を判別できるので、１人なのか、家族連れなのか、同年代の友人やカップルなのかという推定が可能になる。

このように、センシングとしては自動運転関連の動きに注目が集まるが、その動きに連動するかたちで、車室内の人物をセンシングすることにも焦点が当たりつつある。このような技術を磨いていくことで、たとえば利用者が自動車に乗り込んだ瞬間にその気持ちを推し量ったり、いわゆるヒヤリハットが起きた際には興奮度を考慮して休憩を促したりということができるようになる。

もちろん技術的な課題もまだまだあり、特に自動車という、走行中は常に振動があり、室内の温度も乱高下するという過酷な環境でのセンシングは簡単ではないようだ。とはいえ、自動車そのものの進化とは別にセンシング技術の進化が進んでおり、今後は現状よりも広範囲で高精度なセンシングが期待できるものと思われる。

なお、車外環境をセンシングするためのLiDARやカメラなどのセンサも、搭載される場合には自動運転システムを動作させる以外の目的に使えるようになるかもしれない。たとえば自分の車両の周辺にどのような物体があるのか、道路はどのような状況なのかなどによって、インフォテインメント面のコンテンツを立ち上げるなどだ。駆動系装置の機能に悪影響を及ぼさないよう十分な配慮が必要だが、自動運転機能の実装を目的として車内外に各種センサが搭載されることで、その用途を広げ、自動運転以外のシステムを高度化させるという可能性が見出される。

ECU統合によるエッジコンピューティングの高度化

自動車のコンピュータはECUと呼ばれる。CPUやGPUを含むプロセッサや通信モジュールなどからなるコンピュータ装置で、もともとはEngine Control Unitの略称であり、その名のとおりエンジンの制御を行うために搭載されたのが最初であった。1970年代に米国を中心に環境規制が強まったのを背景に、燃費効率を上げるためエンジン内部の出力制御をするために用いられ始めた。その後、エンジンだけでなくさまざまな機器の制御に用いられるようになり、現在ECUといえば一般的にはElectric Control Unitとして、エンジン向け以外も含め自動車に搭載されるコンピュータすべてを指す。

近年は考え方が変わりつつあるが、自動車は機械装置の集合体だ。そのためECUを搭載するに際しても、最初はエンジンの制御から始まったように、個別の機械を個別に制御するために順次搭載が進んでいった。エンジン以外のパワートレインとしてはブレーキやトランスミッションがあり、それぞれにECUが付いている。パワートレインは電動化によってモーターやインバーター、電池になるが、電池を管理するシステムはBMS（Battery Management System）として特に重視されている。ボディ系と呼ばれるエアコン、パワーウィンドウ、スライドドアなどにも、ナビやメータークラスターなど電子機器にも専用のECUが搭載されている。

このように、2010年代までは1台の車両に多数のECUが搭載され、プレミアムブランドの車両では100個以上ともいわれる。機械装置の集合体として進化してきた自動車ならではの形態といえる。しかしソフトウェアの量が膨大になるにつれ、開発効率や使い勝手の悪さが明らかになってきた。ECUごとにプログラムを書く必要があるし、ECU同士をつなぐハーネスも長く絡み合うようになる。OTAでシステムを更新しようとしても、機器ごとにECUが分かれていると更新プロセスも長くなる。利用者がエアコンと窓とモニターディスプレイを同時に動かそうとしても、それぞれのECUに別々に指示を送らねばならないということになる。そこで近年は、各種メーカーでECU統合化の動きが進んでいる。これは、自動車の開発プロセスの大変革ともいわれる。機械中心だった設計から、電子機器としての設計に変わるということになる。後述するソフトウェア・ファーストでの設計へのパラダイムシフトの第一歩とも表現される。

統合化はトヨタ、VW、GM、現代のような日米欧韓の伝統的自動車メーカーでも進んでいる。統合化されたECUや一部のソフトウェアは非競争領域とされ、協業に向けて自動車メーカー同士のコンソーシアムも形成されており、水面下での調整もさまざまに行われていると思われる。しかし先駆けて進んでいるのはTeslaで、現行モデルでもすでに大胆な統合が完了している。

Teslaの ECUは、現行モデルでは3つに収斂されている。1つめはパワートレインや自動運転あるいは運転支援のためのECUで、駆動系ECUだ。2つめはマルチメディア機器向けで、ナビシステムやメータークラスター、ディスプレイなどの制御を行う情報系ECUとなる。3つめはボディコントローラーであり、エアコンやパワーウィンドウなどを制御し、電源の調整機能も担う。これらの収斂されたECUがダッシュボード内にあり、ボディ系の個別の機器にはボディコントローラーからの信号を受け取る装置が搭載されるという構成になる。今後、従来からの大手メーカーでも統合化が進められると思われるが、Teslaは1つのモデルを示していると思われる。

このような統合が進むことでさまざまなメリットが生じる。その1つがOTAの効率化だ。Teslaの特徴的なサービスの1つは販売後のソフトウェアのアップデートだが、統合化されたECUがその背景にある。自動運転システムを更新しようとする際に、電池やモーター、アクセルやブレーキなどに個別のECUがあっては困難だが、駆動系ECUとして統合制御できるようになっていれば更新しやすい。

もちろんECUの構成はTeslaとしてもこれで完成というわけではないようだ。日米欧韓の大手メーカーも、半導体メーカーなどと連携しさらに効率的な統合を進めてくると考えられ、今後の進化に関していくつかのロードマップが示されている。ただ、最終段階としてECUが完全に１つになるかということについては、懐疑的な見方が強い。というのは、駆動系とそれ以外のシステムでは、求められる役割が大きく違うからだ。駆動系システムと情報系システムは最後まで統合されないというかたちになる。

繰り返しになるが自動車は人命を預かる製品で、万が一にも不具合は許されず、そのため駆動系システムには完璧さが求められる。自動運転システムが導入される際には、人間が運転していたときと比べて事故率が下がるだけでは十分ではなく、システムが運転するときには事故がゼロになることを求めるという考え方がそれを象徴している。駆動系システムには堅牢性や冗長性が不可欠であり、サイバー攻撃を受けないこと、あるいは受けても絶対に不具合を発生させないこと、なんらかの不具合があったときに別系統から制御し続けられることが求められる。

一方で情報系システムはその限りではない。むしろユーザーインターフェイスとして、親しみやすいことや柔軟であることが望まれる。乱暴にいえば、多少の不具合があっても別にかまわない。その機能に不具合があっても交通事故にはつながらない可能性が高いため、堅牢性や冗長性といった考え方ではなくエンタメ的な要素を含んで構築されることが製品としての魅力を高めることになる。

たとえばTeslaでは、車載ディスプレイにてゲームができたりAIスピーカーに話しかけると冗談を返してくれたりする。

このような機能は別に多少の誤作動があっても重大な問題にな
ることはなく、冗談が多少つまらなくてもかまわない。遊び心
をもってつくったり使ったりすればよい。また、走行中に情報
系システムが再起動されることもある。運転中のディスプレイ
に「再起動中」と表示されるためちょっと驚くこともあるよう
だが、これも別に事故につながってしまうわけではない。なお
Teslaの車種には、情報系ECUに高い演算能力をもつゲーム用
エンジンが搭載されており、おそらく今後さらに情報系の高度
化を図っていくものと思われる。

このように、ECUの統合はこれからも進むものの、おそら
く情報系システムは駆動系から独立したままとなる。駆動系と
情報系に主従の関係があるわけではなく、両者が並存するとい
う構造になる。そしてその際、両者間のデータのやりとりは一
方通行になるだろう。つまり駆動系から情報系へのデータのイ
ンプットは問題ないが、情報系から駆動系へのインプットは、
駆動系の誤作動を防止する観点からおそらく行われない。

逆にいえば、情報系ECUは駆動系からのインプットデータ
を活用することが可能になる。車速や自車位置、電池の状態な
どの情報を用いて各種の車載装置の制御を行うことができる。
自動運転機能のために搭載されるカメラなどによるセンシング
データを使うこともできる。今後、自動運転機能の向上をはじ
めとする駆動系ECUの進化と同時に、楽しさや心地よさを演
出する情報系ECUの進化が期待できる。統合されたECUによ
って、複雑なシステムが扱えるようになり、そのアップデート

も容易になる。自動車として、常に最新の高度なソフトウェアが活用できる状況になる。

エッジコンピューティングとしては、ECUに搭載されるソフトウェアについても考えておく必要がある。もともと、ECUが分散している状況ではソフトウェアの基盤となるOSは不要であったが、近年は統合化の流れを受けて、各メーカーが開発を行っているだけでなく、たとえばAutosar（オートザー）やAGL（Automotive Grade Linux）のようにメーカー横断で活用できる車載OSが開発されつつある。トヨタは自社の車載OSであるAreneを他社にも開放するとしており、やはり競争というより協調領域としてみなしているようだ。

IT企業の動きにも注目で、米国のGoogleは兄弟会社のWaymoで自動運転システムの開発を進めるとともに、Google Android Automotiveとして自動車メーカーに対して車載OSの提供を行っている。中国ではHuaweiなどが開発しており、まだ中国国内に限られるが、第３章でみるように自動車メーカーに対して提供するとともに自動車メーカーとの合弁ブランドを立ち上げて自社システムを活用している。

このように共通化や、IT企業などサードパーティによるシステム提供の動きが広がりつつある。今後は最も効率的な開発を行うべく各社が協調しつつ競争するという格好になる。駆動系ECUに搭載されるOSは引き続き自動車メーカーのこれまでの強みが活かされる領域になると思われるが、情報系ECUのシステムがどのように開発されるか、従来は自動車に関連の薄かったプレイヤーの動きも含めて注目するべきと思われる。

4 五感を刺激するUIの魅力向上

エンドユーザーが用いる製品としてUIは重要だ。最近はスマホのアプリ開発でUXデザインの手法が当たり前のように用いられるなど、ハードウェアがスマホに限定される場合でもユーザーの体験価値を最重視する検討が一般的となっている。

自動車でのUIに用いられるハードウェアは、車室内空間でのHMI機器となる。HMIとはHumanとMachineのInterfaceであり、ここでは特に機械側から人間への働きかけを念頭に置くと、人間の五感を刺激する装置と言い換えることができる。五感とはいうものの、さすがに現状では実用化可能なレベルでの味覚を刺激するものは想定されておらず、それ以外の視覚、聴覚、嗅覚、触覚の４つとなる。以下では視覚面を中心に、それぞれの技術進化について整理したい。

人間として最も情報量が多いのは視覚への刺激だ。車室内空間でも、視覚を刺激する装置が近年大きく変わりつつあるし、今後もさまざまな可能性が想定されている。まず現在進行形での大きな変化は、ディスプレイの大型化だ。ディスプレイとは主に、運転席と助手席の間にあるセンターコンソールディスプレイだが、最近はその枠にとどまらない変化をみせており、運転席の前方にあって車速やガソリン残量などを表示するメータークラスターと一体化したり、さらにそれが助手席方向に伸びて超横長のディスプレイになっていたりする。

有名ブランドで最も顕著なのはMercedes-Benzで、「EQS」という車種では56インチのディスプレイを搭載している。これは1枚ではなく横に3枚のディスプレイを並べたかたちだが、助手席側のディスプレイでは映画を視聴できるなどのエンタメ機能が盛り込まれている。日本勢でもホンダの「ホンダe」は45インチの横長ディスプレイを備えており、米国勢ではGMのキャデラックで38インチ、中国勢ではさらにその傾向が強く、さまざまなブランドで大型化が進んでおり、世界的なトレンドといえるだろう。

ディスプレイの大型化と並んで現在進行形での視覚面での進化はHUD（Head-Up Display）だ。これも当然ながらプレミア

写真1　Mercedes「EQS」のディスプレイ

提供：メルセデス・ベンツ日本株式会社

ムブランドが中心だが、運転者の視界正面のフロントウィンドウに虚像を映し出す。頭を上げて前方をみる姿勢のまま画像を視認できるためヘッドアップと呼ばれる。HUDでは、走行すべき車線の情報や右左折情報など、運転支援を目的にナビゲーション画像が投影される。たとえばMercedes-Benzでは前方10mの位置に77インチの虚像がみえる設定となっている。

HUDはAR（拡張現実）の一種である。実際の景色に重ね合わせて画像を表示することができる。技術的な課題としては大きさであり、現状では虚像を映し出す範囲が限られる。Mercedes-Benzの場合は77インチだがこれは10m前方にみえる表示なので、フロントウィンドウ全体にみせるには数倍以上の規模に拡張する必要がある。大型化に向けてのHUDの技術開発は今後さらに進みそうだ。

そしてHUDだけでなく、視覚を刺激する動きとして注目されるのは窓自体がディスプレイになるという可能性だ。

というのも、ガラスの高機能化が進む。自動車用のガラスは外側と内側の２枚を重ね合わせて製造されるが、その中間にさまざまな素材を組み込むことで高機能化が進められており、今後は自発光膜や液晶フィルムの挿入が見込まれている。自発光膜はその名のとおり自ら光を発する膜で、日本企業ではたとえば積水化学工業が製作している。液晶フィルムを挟み込むという可能性もあり、たとえばジャパンディスプレイが製作している。これらの技術は車載向けとしては発展途上で、自発光膜はまだ単色のみの仕様のためフルカラー化という課題が、液晶フィルムはまだ20インチ程度までの大きさに限定されるため大型化という課題がある。しかしいずれも2020年代を通じて課題をクリアしていくことが想定されており、2030年頃にはフロントウィンドウを含めて自動車のすべての窓がディスプレイになる可能性が見て取れる。

車窓のディスプレイ化にはさらに別の道もある。透明ディスプレイや透明スクリーンという可能性だ。LGディスプレイ社製の透明ディスプレイは55インチで、すでに中国の地下鉄での搭載実績がある。透過率38%だが日常場面であれば十分にディスプレイの反対側を見通すことができ、日本でもJR東日本が秋田や青森を走る電車にて試験的に搭載したことがある。ただ強度に課題があり、電車の場合は透明ディスプレイの両側に補強材を設けて保護しているものの、さらに狭い自動車の車室内に搭載するにはディスプレイ自体の強度を上げることが必要となっている。透明スクリーンはプロジェクターからの照射を受けて映像を映すもので、大型化も可能で強度も問題ない。ただし周囲が明るい昼間の時間帯は映像を映し出すことができないという点が問題となる。

このように、現状ではどの技術も一長一短で、どれが大規模普及に向けての起爆剤になるか予断を許さない状況だ。しかし大型化したHUDか、特殊な中間膜を挿入したガラスか、強度を上げた透明ディスプレイか、いずれかの技術によって近い将来に車窓に映像を映し出すことができるようになる可能性が高い。

そうなると、実際にみえる景色に重ね合わせるようにARの映像を表現することができるようになる。現在普及しているARといえばスマホのディスプレイを用いるかたちが主流だが、利用するつどスマホをかざすという手間があった。車窓であれば自然と目に飛び込んでくるARを表現することが可能だ。フロントウィンドウはもちろん、サイドやリアウィンドウやルーフウィンドウがそのような仕様になることが想定される。視覚を刺激する技術は、車室内の体験を一変させる起爆剤になるだろう。

視覚面で、車窓のディスプレイ化以外の動きとしてホログラムの活用という可能性がある。これは車室内の任意の位置に三次元の映像を表現するものだ。たとえば日産自動車は、助手席にバーチャルな同乗者を乗せてみせる使い方を発表していたり、中国では小鵬汽車（シャオペン、Xiaopeng Motors）が後部座席において中空に浮かぶボタンを表示させたりしている。車窓ディスプレイが車外に目を向けさせるのと対照的に、ホログラムは車内での映像表示の進化となる。

聴覚面に関しては、プレミアムブランドを中心に自動車はかなりの高度化が進んでいる。各プレミアムブランドはオーディオメーカーと連携して多数のスピーカーを車室内に配置し、7.1チャンネルや9.1チャンネルの音響空間を実現している。都心のマンションなどに住む人にとって大音量で音楽を聴けるのは自宅の部屋よりも自動車の車室内ということもあり、なかにはクラシック音楽を車室内で楽しむという人もいるようだ。

さらにDOLBYのようなソフトウェアを活用することで、オーディオのハードウェアに依存しないかたちで全天空型の音響が実現できる。特定の方向から音が聞こえてくるという制御も可能で、車室内全体の音場を創出できる。車窓に表示されるARを組み合わせることで、そのARが表示されている方向から何かの音が聞こえてくるという演出が可能になる。今後、高音や重低音の強調などさらなる音質の高度化が追求されるとともに、ヘッドレストスピーカーなどによるバイノーラル音響や指向性スピーカー機能などの多機能化が想定されている。

これまで車室内での五感刺激としては視覚や聴覚が中心的だったが、近年は嗅覚面の進化もあり、2020年代を通じてさらに進むと想定される。というのは複数の香料を物理的に車内に搭載しておき、状況に応じてそれらの香料を組み合わせてさまざまな種類の香りを提供するというものになる。システムで場面の条件付けをしておくことで、朝は草原の香りを、夜は柚子の香りで車室内を満たすということも可能だし、おそらくもっと複雑な制御ができるようになる。後述するように、中国の一部のブランドでは量産車での試行が始まっている。

嗅覚とは若干異なるが、空気成分の制御も試行錯誤が行われている。特に酸素濃度の向上機能はレクサスなどでも搭載されたことがある。車室内は外気との入れ替わりが激しい空間であるため多くの課題があるようだが、機能の１つとして検討できるだろう。

触覚面では、ハプティクス技術の実装が期待されている。これはエンドユーザーにとって目新しさという点で大きな変化になりうる。何もない空間に手をかざしたときや、ハンドルやレバーなどを握ったときに、何かをもったり引っ張られたりしているような手応えや、ざらざら感やすべすべ感などの触り心地を感じることができるものだ。たとえば英国のウルトラリープはコンソールボードでの活用を想定しているし、村田製作所（に統合されたスタートアップのミライセンス社）も同様の技術の自動車への応用を検討している。

このように、自動車の車室内のUIとしてさまざまな技術進化が起きており、視覚面を中心に新たな動きが近い将来に予定されている。これらは、必ずしも自動車の「走る、曲がる、止まる」に関係しないものだが、だからこそ自由度高く搭載できるという面もある。特に車窓ディスプレイは運転支援や安全確保のために用いられつつも、車窓外の景色との組合せなどエンタメ的な要素も含めて使い方を検討することができるだろう。

以上のようなセンシング、エッジコンピューティング、UI関連の変化から、新たな可能性がみえてくる。これらの技術を用いることで、車室内にいる人物の喜怒哀楽を一定の精度で推定でき、その感情に応じて視覚面を中心にさまざまな五感を高度に刺激し、そのシステムは定期的にアップデートされ、常に新しい体験が車室内で提供されるようになるという可能性である。

自動運転が駆動系のDXだとすれば、このような情報系の

DXが起きるという可能性がみえてくる。情報系はインフォテインメントの文脈で用いられるものとなり、繰り返しになるが必ずしも完璧さを求める必要はなく、さまざまなコンテンツによって車室内の人物に価値を提供するというものになるだろう。進展しつつある個別技術を組み合わせて、エンドユーザーに新たな体験価値を提供するという可能性に関して、次章では現在までに顕在化している自動車メーカーなどの動きについて整理し、具体的なサービスの可能性について検討したい。

さまざまに発信されるコンセプト

コンセプトカーに示される方向性

自動車と普段はかかわりが薄い方に「最近、自動車が変化しているという実感はありますか」と質問しても、良くも悪くもあまりピンとこないのが現状だろう。特に自動車メーカーの影響力が強く変化が漸進的な日本ではこの傾向が顕著と思われる。「そういえば軽自動車を含めてだんだん値段が高くなっている」という回答が多くなるかもしれないし、アクセルとブレーキの踏み間違い防止など安全性向上の進化に関する回答が多くなるかもしれない。

しかし前章でみたように、自動車DXに求められる技術は日進月歩である。そのような技術的な進化を受けて、自動車メーカーや関連メーカー、IT企業ではさまざまな検討が行われている。その検討内容は、すでに一般向けに量産されている車種に実装されているもの、モーターショーのような展示会でコンセプトカーとして表現されているもの、社内での秘匿事項として外部からはうかがいにくいものに分けられる。ここでは、秘匿事項には当然触れない範囲で、コンセプトカーや量産車種での動きから自動車DXの方向性を探ってみたい。特に前章で整理したように情報系の変化を探るべく、車室内空間の変化に注目したい。すでに発表されているコンセプトや機能を整理することで、自動車メーカーなどが模索している変化の方向性が帰納的にみえてくる。

まずはコンセプトカーから整理したい。なぜ1台1億円以上もするコンセプトカーを自動車メーカーは製作するのか。公式に整理されたものではないが、筆者なりに整理すると、コンセプトカーには3つの目的がある。

1つめは、最もわかりやすい実用的な目的として、実際の量産を視野に入れた車両の展示だ。数年先の一般向け販売を見据えて、エンドユーザーや関係者の声を収集する目的で展示される。そのため見た目にはほとんど街なかで見かける車両と大差はない。実践的なマーケティングの場として展示会を活用するという趣旨となる。

2つめと3つめの目的は中長期を見据えてのもので、2つめは自社の技術力を誇示することだ。特に「走る、曲がる、止まる」といった自動車の駆動系装置の機能や性能に関する展示が多く、いわゆるモーターファンの注目を集めるものとなる。モータースポーツで使われるような車両が展示され、外観にも「かっこいい」車両が多い。もちろん誇示すべき技術は駆動系装置だけでなく、2000年代頃は環境性能の高さを謳うものも多かった。これは次の3つめの目的である企業としての考え方を示すとともに、それを具現化する技術を展示するものでもあったといえる。

3つめの目的は、企業としての考え方を示すものだ。技術的な実現可能性は十分にみえていなくても、今後の方針を表現するものとなる。これは大手メーカーであるほど重視され、最近では街づくりとの連動や空飛ぶクルマなど自動車以外のモビリティへの進出などが示されている。企業の戦略を表明するものでもあり、経営者は、モーターショーでの展示内容のうちこのような目的での車両が株価に最も影響を与えるという意味で重視しているかもしれない。エンドユーザーからみると未来感しかなく実践的でないかもしれないが、自動車メーカーとしては大事な展示となる。

これらの目的を全方位的に示しているのはグローバル大手であり、近年は世界的にみても、トヨタの存在感は大きい。世界各地のモーターショーや、毎年1月にラスベガスで開催される電機・電子機器展示会であるCESのような大規模イベントなど、トヨタは多くの場で新しいコンセプトを表現している。企業としての考え方を示す内容としてはいくつかの澪筋があり、最近は街づくりとの連動という意味ですべての流れが統合的に表現されているようにも感じられる。いくつかの流れというのは、これもトヨタの公式見解ではなく筆者なりの整理となるが、運転する楽しさを強調するもの、環境性の高さを謳うものなどがあり、そのうちの1つとして車室内空間の進化がある。

車室内空間の進化を謳うトヨタのコンセプトカーのうち、1つの契機になったと思われるのが2011年の東京モーターショーで披露された「Fun-Vii」だ。もちろんトヨタ社内では脈々とさまざまな検討があったと推察されるが、Fun-Viiによって車室内のデジタル化に関する検討の方向性が強く印象づけられた。

Fun-Viiは「ヒトとクルマと社会が“つながる”将来の姿を具

写真2　2011年のトヨタのコンセプトカー「Fun-Vii」

提供：トヨタ自動車株式会社

現化」した車両とされ、同じ年の前半にマイクロソフトやセールスフォースと提携したのを念頭に、豊田章男社長（執筆時点）は「新しいパートナーと一緒に車を作ったら、どんな車になるだろう。いっそのことスマートフォンにタイヤを4つつけたようなクルマがあれば、面白いんじゃないか。そんな発想から、このFun-Viiは生まれた」と発言している。

Fun-Viiは内外装のすべてがタッチパネル機能をもつディスプレイという車両だ。ディスプレイの表示内容を変えることで、外観のカラーやデザイン、インテリアを自由に変えることができる。スマホのアプリのようにさまざまなソフトウェアをダウンロードして使える想定で、ディスプレイを通じてニュースや天気予報などの情報収集、ヘルスケアサービス、友人とのコミュニケーションなどが行えるというコンセプトが提示された。オーナーの顔認証機能やARによるナビゲーション機能もあった。だがもちろん全面ディスプレイの車両が公道を走ることはできない。しかしトヨタの考え方として、自動車がスマホのような情報端末になるのだというイメージを大々的に打ち出したものであったといえる。

ちなみに2011年のモーターショーでは、同時に、運転する喜びを表現した「86」、当時世界最高レベルの環境性を誇る「Prius Plug-in Hybrid」「FCV-R」などもあわせて展示されており、トヨタの全方位性が感じ取れる展示会であった。トヨタの戦略として「全方位性」というキーワードが頻繁にあげられ、多くの場合は、駆動システムの電動化をHEVに限らずPHEVにもBEVにも取り組むという趣旨にとらえられているが、2011年の東京モーターショーでの展示のように、もっと幅広い意味で理解するべきことのように思われる。

Fun-Viiのような考え方は、その後2017年に発表された「コンセプト-愛ｉ」、2018年の「ｅ-Pallet」などへとつながっているように見受けられる。ｅ-Palletはトヨタの「モビリティカンパニーへの変革宣言」とともに発表され、同社の戦略を体現する役割を担っているように思われる。4,800mm×2,000mm×2,250mmという箱型デザインのEVで、自動運転機能をもち、シェア利用が想定され、多様なソフトウェアをダウンロードして利用可能ということで、CASEのすべてを体現している。2021年の東京五輪では選手村にて実運用されたことでさらに注目を集めることとなった。

写真3　トヨタ自動車 e-Pallet（上）、e-4me（下）

提供：トヨタ自動車株式会社

e-Palletは人を乗せて移動するだけでなく、車内が店舗になったり、ラストマイルの物流に使われたり、ホテルになったりするなど多目的に利用できる車両というコンセプトだ。この多目的利用を実現するためにソフトウェアやそのダウンロード機能があり、目的に応じたソフトを使うことが想定されている。たとえば店舗として用いる際には車内がそれに適した空間になるように演出するソフトを使うことになる。

また、e-Palletに比べてあまり注目度は高くないが、同様のコンセプトで一人乗りのコンセプトカーとして「e-4me」がある。e-Palletと同様に車内空間を多目的に利用するという想定で、車室内でエクササイズをしたり、メイクアップをしたり、楽器を演奏したりというシーンが想定されている。高度なエッジコンピューティングやHMI（Human Machine Interface）機能が一般化するときのカスタマージャーニーが示されているように思われる。商用車のようなイメージのe-Palletよりも、乗用車のようなe-4meのほうが最終的な広がりは大きくなるかもしれない。

このようにトヨタのコンセプトカーには車室内のデジタル化という方針が強く示されている。さまざまなソフトウェアをダウンロードして使うことができ、そのソフトウェアを使って車室内にて運転以外の作業をすることが想定されている。楽器の演奏のように、移動や運転とはまったく関係のない活動をすることも検討されている。ここからは筆者の空想となるが、もしかしたら、移動している最中だからこそ質の高い演奏ができるということもあるのかもしれない。移り行く景色を眺めていることでインスピレーションがかき立てられるということもあるだろう。

このような車室内のデジタル化については、2010年代半ば以降、トヨタ以外の各ブランドからもさまざまなコンセプトが打ち出されつつある。トヨタ以外にはドイツ勢の動きが活発で、特にプレミアムブランドがさまざまなコンセプトを発信している。

まずMercedes-Benzを取り上げたい。後述するようにMercedes-Benzは、コンセプトカーだけでなく量産されている車種においても、新興EVブランド以外のプレイヤーとしては車室内の進化に積極的だ。ミュンヘンでの2021年の展示会では、「VISION AVTR」を発表した（正確には、2020年のCESにて展示した内容をさらに進化させてミュンヘンで再発表した）。これはその名のとおり映画「アバター」の世界観を受けて製作されたもので、アンビエントライトで装飾された車体は全体が湾曲しており生物のような内外装となっている。駆動装置や電源システムなどさまざまな視点から関心が集まるコンセプトカーだが、車室内の進化という文脈では、たとえば脳波を使って車載システムの制御を行う点、センターコンソールの装置に手をかざすだけでシステムを操作できるようになる点、ホログラムによって人間の手のひらに操作メニューが表示される点などがあげられる。

これらは、前章であげたセンシングシステムなどを高度化させた極みのようなコンセプトで、Mercedes-Benzの方向性を示すものとして注目すべきだろう。脳波による制御がどの時点で実用化されるかまだわからないが、手をかざすだけでの操作など、デジタル化の方向性としては人間とクルマが双方向に働きかけるようになると理解できる。

デジタル化とは若干異なるが、近年のMercedes-Benzからのコンセプトカーとしては、2015年のCESにて発表された「F015 Luxury In Motion」はその後の潮流に先鞭をつけたも

写真4　Mercedes-Benz VISION AVTR（上）、
F015 Luxury In Motion（下）

提供：メルセデス・ベンツ日本株式会社

のといえる。というのは「究極のリビングルーム」とも表現されたように、運転席や助手席が180度回転し後部座席と向かい合わせになるというもので、高速道路などを自動走行する際には車室内で談笑などしながら移動しましょうという趣旨となる。この時点ではデジタル化のコンセプトは特に示されていなかったものの、車室内での過ごし方の重要性を謳うコンセプトとして記憶にとどめられている。移動とは別の目的の、運転作業とは別の類いの活動を車室内にてすることが想定されている。

ドイツ勢のプレミアムブランドとしてもう1つ触れておきたい。VWグループのAudiは、2019年のCESでディズニーとの提

写真5　Audi×Disneyのコンセプト

提供：アウディジャパン株式会社

携によって開発したVRゲームを発表した。これは、ヘッドマウントディスプレイを装着して車両に乗ると、その車両の加速・減速やカーブでの旋回にあわせてVRの世界が動くというものだ。恐竜がいる世界や宇宙空間の仮想体験が可能で、実際の世界にて周囲にいる他の車両や人物が、VRの世界では何か他の物体になっているようにみせている。一部からは「何に使うのか」という懐疑的な声もあり、SNSでは“crazy”といった書き込みもみられるが、AudiやVWグループとして、XRを用いた乗車体験の向上への意気込みが十分に伝わってくるものだった。現実世界での自動車の動きと連動しての仮想世界での体験の創出といえる。ヘッドマウントディスプレイの装着性にはまだまだ課題があるものの、自動車とXRの連動という方向性が見出されている。

トヨタ以外の日本勢による動きについても触れたい。近年の日産自動車のコンセプトカーで注目すべきは、2019年のCESで発表された「Invisible-to-Visible」と思われる。「３Ｄインターフェイスを通じてドライバーにみえないものを可視化し、究極のコネクテッドカー体験を生み出す」というもので、運転者の視界からは死角になる位置の状況を視覚的に伝えたり、車内に３Ｄアバターを登場させたりするというコンセプトだ。

車室内の演出として注目すべきは後者で、友人をアバターとして登場させて会話したり、バーチャルなコンシェルジュとの位置づけのアバターから目的地の情報を教えてもらったり、語学のレッスンを受けたりという用途が想定されている。発表さ

写真6　日産Invisible-to-Visible

提供：日産自動車株式会社

れた際には、助手席にアニメキャラクターがいるようにみせるという攻めのコンセプトに驚かされた。メタバース的な世界観を視野に入れているという同社の方向性が垣間みえるものだった。

ホンダのコンセプトカーとして近年最も印象的なのは、2017年の東京モーターショーで発表された「Honda NeuV」だ。これは、大きく開くドアやコンソールボードの横長ディスプレイなど外観だけでなく、運転者の趣味や嗜好を把握したうえで、車室内にいる人物の表情や声音などを分析してクルマと人がコミュニケーションするというコンセプトであった。このようなコンセプトは早くも2020年より前に中国の新興EVブランドによって量産車で具現化されることになるが、ホンダとしてクルマに人格をもたせるようなイメージをもっていることがよく理解できるものであった。

ホンダといえば、2022年のソニーグループとの提携が注目される。2025年のEV販売開始を目指して、ソニー・ホンダモビリティ株式会社を設立しており、2023年１月のCESでは新たなブランド「AFEELA」（アフィーラ）を発表した。車両開発・製造能力をもつホンダと、センシング技術やエンタメコンテンツ開発力をもつソニーグループの連携は、車室内の進化という観点から注目のニュースといえる。

ソニーグループは、AFEELAに至るステップとして2020年のCESで「VISION-Ｓ」を披露している。車両のマニュファクチュアリングサービスを提供するマグナと連携することで、自動車メーカーではないソニーが実際に走行できるコンセプトカーを発表したこと自体が話題になった。また、その見栄えの良い外観から「さすがソニー」との評価を得ているようだ。AFEELAにも引き継がれているように、立体的な音場を実現するオーディオシステムや、直感的な操作ができるインターフェイスを備え、ソニーが有する技術を誇示する車室内となっていた。

VISION-Ｓほど注目が集まっていないが、ソニーはヤマハと共同で「SC-１」という、私有地内を自動走行するコンセプトカートを製作し、沖縄の北谷にて実証運用している。カート内に窓はなく、前方と左右に非透明のディスプレイが設置されていて、そのディスプレイに外部の映像がリアルタイムに映るというものだ。乗客からみると、いわれなければ気づかないかもしれない程度の違和感で実際の景色をディスプレイを通して

写真7　ソニー SC-1

提供：ソニーグループ株式会社

みることができる。ディスプレイには周囲の景色だけでなく、魚が泳ぐ映像や牛車に乗ったおじさん（お笑い芸人）の映像なども映る。そのため自分自身が水中を走っているような感覚や、牛車に引かれているような感覚を味わうことができるというコンセプトとなる。技術的に解決すべき課題もあるようだが、新たなモビリティ体験の可能性として、いわゆるソニーらしさを感じさせるものとなっている。

車窓への映像表示に関するコンセプトとしては、これも自動車メーカー自身ではないが、シートメーカー大手のトヨタ紡織が2019年のCESに「MOOX」（ムークス）というコンセプトカーを展示している。その後この車両を、愛知のモリコロパークにて実際に走行させる実証を行っている。この車両の窓は透明ディスプレイで、実際の景色とARの映像が重なり合っている

写真8　トヨタ紡織 MOOX

提供：トヨタ紡織株式会社

ようにみせるものであった。また、ARにあわせて座席が振動したり香りが広がるなどの制御も行われた。

SC-1やMOOXの動きから、Audiが示しているクルマとXRの連動という方向性の次なる展開が見て取れる。ヘッドマウントディスプレイではなく、実際の景色と重ね合わせるかたちでARオブジェクトをみせるというものだ。さらには車室内にて五感を高度に刺激することで、ディスプレイ1枚からなるスマホやタブレットでは実現できない、空間としての価値提供の可能性を存分に活かしたものでもある。トヨタのe-4meなどで示される移動以外の目的で車室内空間を利用するにあたって、車室内のXR化という方向性が読み解ける。

以上のように、車室内に関してさまざまなコンセプトが自動車メーカー等から発信されている。たしかにまだ未来感しかないものもあり、具体的な実現時期が見通しにくいものもあるが、しかし自動車メーカーが労力をかけて開発したコンセプトカーには、今後の方向性が示されていると考えるべきだろう。キーワードは車室内のデジタル化であり、さらにいえばXR化であり、車室内にいる人物をなんらかの方法でセンシングし、なんらかの方法で五感を刺激するという方向性が感じ取れる。

2 量産車種での実装機能

コンセプトカーだけでなく、すでに量産されている車種でも、自動車がインターネットに接続されたことで実現されるサービスが少しずつ増えている。車室内空間でのデジタル化もすでに起きつつある状況だ。結論的には、一般向け車種よりもプレミアムブランドにて、既存の大手メーカーによるブランドよりも新興EVブランドにて、活発な動きがみられる。

① 一般向けブランド

まずは一般向けブランドでの状況について俯瞰しつつ、現時点のコネクティッドサービスの概略について整理したい。一般向けブランドとは、明確な定義があるわけではないが、ここでは新車の販売価格帯としては日本円で300万円台以下の、日本勢でいえばトヨタ、ホンダ、日産自動車などのメーカーのうち自社の社名がブランド名になっているものを一般向けブランドとしたい。日本勢の上位３社はいずれも“CONNECT”と名のつくサービスを提供している。たとえばトヨタブランドであれば「T-CONNECT」だ。

これらのブランドの車種でのコネクティッドサービスは、主に安全面や運転支援面での機能が中心となる。安全面としてはたとえば、事故などの非常時にはエアバッグ動作を検知して自動的に、あるいはボタン１つでオペレーターにつながる機能や、駐停車中に異常があれば警備員が駆けつけるといった機能がある。これらは自動車が人命を預かる高価な製品である以上、最も基本的な機能といえる。まだコネクティッドサービスのラインナップが充実していないブランドでも、安全面を担保するようなサービスは基本機能として提供されており、まずはここからコネクティッドサービスの進化が始まると考えるべきかもしれない。

運転支援面のサービスとしては、ブランドによっては豊富なラインナップがあり、そのブランドのこだわりを示しているものもある。走行ルートをスマホ経由で設定できたり、だれかとの待ち合わせを支援するアプリがあったり、交通情報を検索したりする機能がある。たとえばSUBARUからは「SUBAROAD」というアプリが提供されていて、これは「走りがいのある道」を案内するというサービスだ。走る楽しさをブランド価値の前面に押し出しているSUBARUのイメージを強化するものと感じられる。このような運転支援のサービスは、自動車の基本的価値である「移動」にまつわるものであり、多くのエンドユーザーからみて安全面と並んで違和感なく受け入れられるものだろう。

一方で安全面や運転支援面という枠組みに当てはまらない機能もある。一般向け車種では特にT-CONNECTで顕著だ。まず運転支援面に近しいものでいえば、飲食店検索のぐるなびアプリと連動する機能があり、検索した飲食店をナビの目的地に設定できたりする。さらに移動や運転とはあまり関係のない機能もあり、天気予報や株価をチェックできたりもする。エコドライブによってデジタルペットを育成するというゲーム機能もある。ここまでくると、このような機能は安全や運転支援とはほとんど関係がなくなる。このように、後述するプレミアムブランドや新興EVブランドに比べればまだ少ないが、インフォテインメント面の機能も一部にはすでに搭載されている状況だ。

まとめると、コネクティッドサービスによる機能は安全面、運転支援面、インフォテインメント面に大別できる。安全面や運転支援面といった機能は自動車として基本的に備えるべき機能として存在しつつ、追加的にインフォテインメント面の機能があるという整理ができる。

なお、このようなコネクティッドサービスでは、自動車メーカー自身が開発したものだけでなく、飲食店検索サービス事業者や、電機メーカー、保険会社のような外部主体のソフトウェアが利用できるのも特徴だ。自動車会社が開発するシステムのうえに外部主体がかかわることで幅広いサービスが期待できるようになる。車載OSと外部システムの接続のしかたにはまだまだ課題があると思われるが、外部のノウハウを取り入れることでサービスが進化するという方向性は、すでに一般向けブランドでも見え始めている。

② プレミアムブランド

一般向けブランドよりも、やはりプレミアムブランドのほうがコネクティッドサービスも手厚い。一部ではすでに車室内の変化も始まりつつある。プレミアムブランドというのは、たとえば日本勢でいえば「レクサス」であり、ドイツ勢では「Mercedes-Benz」「BMW」「Audi」などをここでは念頭に置いている。プレミアムブランドの車種は、もちろん「走る、曲がる、止まる」といった駆動系装置の機能・性能の高さがあり、走り心地や乗り心地もよく、長時間運転していても疲れないなどの価値がある。同時に、オーナーに「所有する喜び」を与えることも目指されており、ディーラーではそのような心理的な自負心をくすぐる営業トークもよく聞かれる。コネクティッドサービスも、オーナーを特別扱いするものも多い。ここではMercedes-Benzを例に整理してみたい。

Mercedes-Benzのコネクティッドサービスは「Mercedes me connect」と呼ばれる。このサービスを使うために車室内には「MBUX（Mercedes Benz User Experience）」と呼ばれるシステムが搭載されている。最新のMBUXを搭載している車種は、2021年に販売が開始された「EQS」だ。運転席から助手席にかけて、緩やかに湾曲した横長の56インチディスプレイが搭載されていて、助手席側に人が乗ると、その正面のディスプレイは単体で動作するようになる。また、「Hi, Mercedes」と声をかけると動作するAIスピーカーを搭載していたり、EVならではの静粛な室内空間を活かした音響装置が搭載されている。

このような環境で、さまざまなコネクティッドサービスの体験が可能になっている。緊急時の通報や高度なナビサービスが利用できるなど、安全面や運転支援面に関しては一般向け車種と同じような機能を有している。もちろん、ユーザーインターフェイスはより洗練されており、ディスプレイ上に進行方向を示す半透明の矢印が表示されたり、フロントウィンドウにはHUDでARによる指示が表示されたりする。安全面や運転支援面での基本的な機能としては、一般向け車種のハイクラス版といえる。

注目すべきはインフォテインメント面で、3つほど特徴をあげてみたい。まずはコンシェルジュサービスがあげられる。これは、車室内からボタン1つでオペレータ（コールセンターにいる実在の人物）につながり、走行ルートや渋滞情報などを検索してもらうのはもちろん、おすすめの目的地や飲食店などを紹介してもらえたりする。ホテルやレストランの予約を支援してくれたりもする。さらには天気予報や株価、スポーツの試合結果を教えてくれたりもする。接遇のトレーニングを受けたコンシェルジュによるサービスで、プレミアムブランドとしてオーナーへの手厚いサポートが志向されている。

次に、ゲーム機能があげられる。助手席側のディスプレイでは、簡易的なゲームが楽しめる。たとえばテトリスのようなシンプルなゲームが多いが、長距離ドライブでの助手席での時間つぶしや、小休憩時の気分転換にいいようだ。一部にはスマホの機能が助手席側ディスプレイで使えるようになっている。一般向け車種ではさすがにゲームまでは手が届かなかったが、プレミアムブランドになるとそのような楽しみ方が可能になっている。

もう１つ注目すべき機能として、これは運転支援面と親和性が高い機能になるが、バイタルサイン分析機能がある。この機能は自動車本体だけでなく専用の腕時計端末を購入することで可能となるもので、腕時計端末によって運転者の体温や心拍を取得し分析することで体調の変化をモニタリングするサービスとなる。疲れを検知した際には休憩を促したりすることができる。分析のアルゴリズムが進化することで、イライラしている状況や喜んでいる状況なども検知できるようになると思われる。

このように、プレミアムブランドになるとインフォテインメント面のコネクティッドサービスが高度化する。必ずしもそのような機能がなければ運転ができないわけではないが、ゲームができたり、バイタルサインをモニタリングしてくれたりと、付随的なサービスが充実してくるものといえる。

③　新興EVブランド（Tesla）

コネクティッドサービスをブランド価値の前面に押し出している存在としては、既存大手よりも新興EVブランドとなる。筆頭格は米国のTeslaだ。Teslaにはさまざまな特長があり、独自の自動運転システムの開発や車載電池関連の動向もありつつ、それらの側面についてもそれだけでさまざまな議論がある状況だが、ここでは内製開発にて高度化を進めているコネクティッドサービスに注目したい。

Teslaは、店舗の雰囲気からして既存の自動車ブランドと大きく異なる。既存の大手ブランドのディーラーはメンテナンスの作業場と一体化していることがほとんどだが、Teslaの店舗はあくまでショールームで、製品を購入する際はインターネット経由で申し込むことが前提となっている。そのため店舗はカフェやラウンジのような空間であり、デジタル化を推し進める同社のブランドを体現する存在でもある。

車室内の雰囲気はさらに既存ブランドとの違いが大きい。ボタンがなく装飾も少ない造りであり、主観的な表現ながら、従来の自動車が機械的な魅力を志向していたのに対し、Teslaは電子的な魅力を志向しているように感じられる。このような雰囲気のとおり車室内で使えるデジタルコンテンツは豊富で、コネクティッドサービスとは異なるが、エアコンの制御やオーディオの音量制御などもすべて車載ディスプレイを通じて行う。安全面や運転支援面のコネクティッドサービスも他のブラ

写真9　Teslaの車室内

提供：テスラジャパン株式会社

ンドと同等以上の水準といえる。

インフォテインメントの機能はやはり多様で独特だ。些細なことながら象徴的だと思われるのは、ナビ機能の地図にて自分の車両をサンタクロースなどに変えることができるという機能だ。サンタになることで、利用者としては楽しい気分になれる。何が象徴的かというと、正直、ナビ画面にサンタが登場したところで安全や運転のしやすさには何の影響もない。それでも、もちろん人によるだろうが、うきうき感を与えるという心理的な価値を提供している。このように、「なくてもいいけどあると嬉しい」機能、まじめに考えていたら開発段階でボツになりそうな機能があるというのが特長だ。

外部主体のアプリケーションが使えるのも魅力となっている。Netflix、YouTube、Huluなどが利用可能で、動画コンテンツを車内の大型ディスプレイで視聴できる。これらのサービスの有料会員であれば映画やドラマが見放題となる。その動画の音源は自由に変えることもでき、たとえば右側の後部座席でのみ視聴したいという場合はそこに音を集中させることが可能だ。そしてその音の位置の操作は、すべて車載ディスプレイでのタッチパネル機能を通して行う。

日本ではあまり実感が湧かないものの、米国をはじめ大陸国家では都市間の距離が長く、鉄道網との関係にもよるが都市間を自動車で移動することも多い。それらの都市は草原や砂漠など荒涼とした自然のなかに点在しているため、都市と都市の間は何もないという場合もよくある。その際、都市間の移動中に車のなかでどう過ごすかというのは重要なテーマとなる。特に今後、レベル３以上の自動運転が実用化されるなかで、せめて運転でもできていればそれが時間つぶしになるかもしれないが、運転すらする必要がなくなる場合、運転席を含め車室内でのインフォテインメント面の機能が重要性を増してくる。もし何も機能がなければ、スマホをいじっていればいいという話になるのかもしれないが、見方によっては独房に軟禁されている状況のようにもなる。

自動運転システムの実装をいちはやく進めるTeslaとしては、上記のような課題を感じているのだろう。動画コンテンツによって映画やドラマなどを視聴できるようにしたり、その他にも多言語に対応したカラオケ機能を搭載していたり、“Cuphead”などの簡易的なゲームができたりする。ナビ機能と連携して飲食店情報の検索や予約までを車載のネット経由で行うことができる。

背景にあるシステムやビジネスモデルも独特で、前述したようにECUの統合を進めることで高度なインフォテインメント系のソフトウェアを制御できるようにしている。そのECUに搭載しているチップはゲーミングPC用のもので、現在はAMD社のRyzen（ライゼン）であり、おそらく現状のソフトウェアではチップの性能をすべて発揮しているわけではないことをふまえると、今後さらに高度なソフトウェアを動かすことが予定されている。

また、ソフトウェアの更新に関しては、現状では自動運転システムや電池管理システムが対象となるが、そのアップデートを有償で提供している。オーナーは追加的な費用を支払うことで、高度なシステムを使うことができるようになるというものだ。自動車の売切りではないビジネスモデルの萌芽がすでに大きくなりつつある。Teslaは、車室内のデジタル化というエンドユーザーからみえる動きはもちろん、その背景にあるシステム構成の変化、搭載機器の変化、ビジネスモデルの変化において、日米欧韓のブランドのなかでは最も特徴的と思われる。

④　新興EVブランド（中国勢）

一方で中国の動きはさらに激しい。日本では、新興の自動車ブランドといえばTeslaのみがあげられることが多いかもしれないが、電動化の動きに伴って新たなブランドを立ち上げる動きはさまざまあり、中心は米国と中国だ。中国での新興EVブランドの動きは活発で、車室内のデジタル化に関しても先駆的な試行が続けられている。従来の自動車ブランドが相対的に強くない中国という市場だからこそさまざまなチャレンジが行われているという背景もある。

筆頭格は、ニューヨーク証券取引所にも上場されている蔚来汽車（ブランド名「NIO」）だ。フラッグシップの新車販売価格は日本円で800万円程度であり、プレミアムブランドと同等かそれ以上のポジションをとっている。一部では「テスラキラー」と呼ばれることもあるようだが、コネクティッドサービスをはじめTeslaにはない特徴を多々有しており、単なるTeslaの中国版とみなすのは申し訳ないように思われる。

NIOの車室内でまず目を引くのは、“NOMI”と呼ばれる表情をもつAIスピーカーだ。センターコンソールの上部に子どもの手のひらサイズの円形のディスプレイが載っていて、このデバイスが表情を有している。AIスピーカーはプレミアムブランドの車で標準化しつつあるが、表情が備わっているのはNIOだけだ。現時点で700種類以上の表情があり、会話の内容に応じて変化する。車載機器の操作を指示した際には「喜んで！」という表情を、危険を知らせるときには「危ないよー」という表情を出す。NOMIは、車を走らせるだけであればまったく不要の存在だ。しかしコンセプトとして人とクルマの双方向のコミュニケーションという方針があり、それを体現する存在としてNOMIが搭載されている。このような遊び心が中国の若年富

写真10　NIOの車室内

提供：上海蔚来汽車有限公司

裕層の歓心を買っているといえる。

コネクティッドサービスとしては、さまざまな外部コンテンツが使用できるようになっている。Teslaと同様に動画やカラオケができるのはもちろん、車室内のモード設定のように独特なものもある。これは、車載ディスプレイやNOMIを通じて車室内のモードを選択すると、車室内がそのような雰囲気になるというものだ。たとえば「休憩モード」にするよう指示すれば、シートはリクライニングポジションに倒され、車室内の照明が消えるのはもちろん車窓の明度が低くなり外の光を遮って、アンビエントライトが光ることで車室内は幻想的な空間になり、エアコンの温度は少し高めに変更されて暖かくなり、オーディオからはヒーリング系の音楽が流れだすなど、複数の車載装置がそれぞれに動作して「休憩」に適した空間をつくる。最新の車種には芳香制御装置も搭載されており、眠りを誘う香りを放出したり、CO_2濃度を調節したりする。そして起きるべき時間には、目覚ましのアラームを無粋に鳴らすのではなく、リクライニングを起こし、照明を徐々に明るくし、覚醒を促す香りを発するなどの動作をする。五感を刺激する装置が総合的に作用して車室内空間を演出するのだ。

NIOは、2022年から出資先のテック企業とともにARグラスによるサービスも開始した。6m先に201インチの映像が現れるというもので、動画コンテンツなどが大迫力で楽しめる。まだ車窓自体をディスプレイにするという水準ではないが、今後の車室内でのXRの展開という方向性が見て取れる。

中国ではNIOとともに新興EVブランド御三家と呼ばれるのが、小鵬汽車と理想汽車（リ・オート、Li Auto）だ。小鵬汽車でのコネクティッドサービスで特徴的なのは、アプリケーションの多様さといえる。自社の車載システムのうえでサードパーティが開発したアプリが使えるようになっており、たとえば同じカラオケ機能でも複数あり、利用者の好みや状況によって使い分けることができる。スターバックスやマクドナルドなど、飲食店のものもある。このようなアプリを、必要に応じてダウンロードして使うという構造になっている。サードパーティが開発するコンテンツは今後さらに増えていくだろう。

またそのようなコンテンツの1つとして、センターコンソールディスプレイにて映画をみることができる。その際には、映画の内容に応じてシートが振動したり、シートの温度が暖かくなったり冷たくなったり、アンビエントライトの色合いが変わったりという機能もある。先ほどのNIOの「休憩モード」と同様、五感を刺激する複数の装置を総合的に制御することで実現されるサービスだ。

理想汽車では、任天堂スイッチのコントローラを用いてゲームができる。後部座席には15.7インチのディスプレイが設置されており、主に子どもたちがスイッチのコントローラを用いて遊ぶことが想定されている。前述の米国と同様に中国でも都市間の移動が長いなかで、快適な移動時間を演出するための機能といえる。ゲームコントローラのほか、マイクなども外部機器として接続可能で、カラオケ機能を使えばマイクを用いて本格的に歌うことができる。

このように中国では、世界的にも他に例をみない勢いで、デジタルコンテンツやそのコンテンツを高度化するための車室内空間が創出されている。このような動きが続々と出てきているのにはさまざまな背景があるが、その1つは、既存の自動車メーカーの影響力が日米欧ほどに強くないことがあげられるだろう。中国最大手の自動車メーカーである上海汽車でも年間の販売台数は500万台程度と、世界的にみれば中堅規模といえる。かたやIT企業は中国にはジャイアントがそろっていて、Huawei、Alibaba、Tencent、Baiduなどの存在がある。日欧ではIT企業が主導する自動車ブランドの存在はかなり想像しにくいし、米国でもまだ登場していないが、中国ではHuaweiなどが主導するかたちで、自動車メーカーとの合弁ブランドが立ち上がっている。

IT企業主導の自動車ブランドのコネクティッドサービスはやはり先進的だ。Huaweiは北京汽車と合弁で「極狐（Arcfox）」というブランドを立ち上げており、2021年にはほぼHuawei独自ともいえるAITOという自動車ブランドを設立した。これらのブランドでは車載OSにHuaweiのHarmony OSが用いられている。顔認証機能が搭載されており、乗車と同時にHuaweiのアカウントにログインされ、シートやミラーの位置調整など車載装置がカスタマイズされるのはもちろん、好みのデジタルコンテンツなどがディスプレイに並ぶ。「酷狗音楽」（音楽ストリーミングサービス）、「哔哩哔哩」（エンターテインメント・サイト）など豊富な外部コンテンツを使うことができる。

Alibabaは上海汽車と合弁で「智己汽車（IM Motors）」を2020年に立ち上げた。車載OSはAlibabaと上海汽車が共同開発した斑馬であり、やはり多様な外部コンテンツとの連携が可能となっている。同ブランドの重要機能として「ONE-HIT」というサービスがある。これは車室内のさまざまな装置を用いて場の雰囲気を変えるというもので、前述のNIOと同じくモード設定もできる。このうちの1つは「フラワーアートモード」と呼ばれるもので、車室内の複数の大型ディスプレイに季節感を感じさせる花を動きのある映像とともに映し出し、オーディオからは花にまつわる楽曲を流し、アンビエントライトが車室内全体の雰囲気を醸し出し、芳香制御装置が適切な香りを発し、シートのマッサージ機能が適度に動くというものだ。このデザインには日本のチームラボがかかわっている。

このように中国では、車室内のデジタル化に関しても複数のプレイヤーが試行錯誤を繰り返していて、新たなサービスの萌芽が生まれるかもしれない百家争鳴の状況だ。残念ながら日本には、自国以外のアジアの製品を理由なく格下にみる傾向があるが、これらの動きを中国での奇妙な変化くらいにとらえていては変化の兆候を見逃してしまうかもしれない。

たしかに、中国の新興EVブランドなどでのコネクティッドサービスを観察すると、なかには実際にはおそらくほとんど使われないと思われるものもある。実際、一部のブランドでは当初はサービスを提供していたものの評判が良くないため半年後に取りやめたという事例もあるようだ。しかし、そのような一例をとらえて「しょせんは遊び」と捨て置いてしまっては全体の潮流を見誤る。なかには失敗するサービスもあり、もしかしたら半分以上のサービスは企画したときのメリットを利用者に与えられないのかもしれないが、そういったトライアンドエラーのなかに次世代のサービスが生まれてくるととらえるべきように思われる。

これは、従来の自動車の設計思想からはいわば真逆の話となる。自動車とは人命を預かるもので万が一にも失敗があってはいけないというのが前提で、これからも駆動装置など一定の領域ではその前提が崩れてはいけないものになるが、コネクティッドサービス、特にインフォテインメント面に関しては、多少の失敗は許容されるもの、むしろ失敗のうえにのみ次の成功が成り立つものととらえるべきかもしれない。

クルマの設計は非常にむずかしい局面にあるといえる。長ければ10年以上という製品寿命の間に求められるコネクティッドサービスにあわせて、車載装置を設計時点で高度化しておく必要があるからだ。自動車の企画や設計は、数え方にもよるが量産の５年以上前から始まるので、15年先のコネクティッドサービスの可能性を検討しておくことが求められる。どこまでのチップを積む必要があるのか、エッジ側の処理はどの程度必要になってクラウドとの通信はどの程度のデータ量となるのか、センサは何がどの程度必要なのかなどを見極めなければならない。遊び心と余裕をもった設計が求められているといえるだろう。あるいは、駆動系装置と情報系装置は切り離して設計し、情報系装置は数年程度の短期間で置き換えるなどの利用方法が検討されるべきかもしれない。中国での一見無茶な動きから学ぶべき点はおおいにあるように思われる。

以上のようにこの章では、自動車メーカー等のコンセプトカーや、実際に量産されている車種を観察することで、車室内空間がどのように変化するのか帰納的に整理することを試みた。車室内のデジタル化について大手自動車メーカーなどからさまざまなコンセプトが発信されていること、インフォテインメント面のデジタルコンテンツが多数検討されていること、車室内のXR空間化という将来像があることが明らかとなっている。そして量産車種では、米中の新興EVブランドにて先駆的な挑戦が行われていることが見て取れる。今後このような動きは試行錯誤しながら発展していくように思われる。

第1章で述べたように、日本でも潜在的に、自動車に対して「どきどき・わくわく」を求める層が一定数いる。この傾向は、日本以外の各地域でも同様ではないかと思われる。コンセプトカーでの方向性や、新興ブランドの新たな取組みは、「どきどき・わくわく」を生み出すものになるのではないか。しかしまだまだ発展途上であり、現状の動きをさらに発展させていくことが可能だろう。米中の新興ブランドの動きが先行しているからといって、他のプレイヤーにチャンスがないわけではない。日本勢としても、トヨタのWoven Cityでの取組みや、ホンダとソニーの動きもある。今後、どのようなサービスが生まれるのか、どのような産業構造になるのかについて、まだまだ企画を練る必要がある。

空間コンピュータとしてのクルマ

自動車からクルマへの進化

クルマがインターネットに接続しさまざまなデータやソフトウェアを当たり前のようにやりとりする時代は必ずくる。そのような時代の人々からみて、2020年代前半までの自動車はどのように感じられるのだろうか。もしかしたらそれは、2020年代前半の私たちが馬車をみるような目でみるのかもしれない。昔はあれに乗って移動していたなんて、味があっていいのかもしれないね、などというのだろうか。それはさすがに言い過ぎだとしても、スマホを当たり前に使いこなす私たちが、スマホをいじりながらポケベルに思いを馳せるようなものかもしれない。

私たちの議論は、ポケベル全盛の1990年代半ばか後半頃に、近い将来の小型情報端末がどうなるだろうかという議論に近いのだろう。インターネットが身近な機能になっているのではないか、半導体が微細化しメモリもセンサも小さくなるのではないか、といった周辺環境や要素技術のロードマップをもとに、持ち運びできる情報端末が実現できるのかもしれないという未来予想図を描き、その際に利用者は何が嬉しいのだろうか、どんなユースケースがあるのだろうかと推測するものだ。実は1990年代後半には、すでにIBMやAppleなど複数の企業が手のひらサイズのコンピュータの構想をもち開発を進め始めていた。その頃のモックアップは現在のスマホの雰囲気とは若干異

写真11　1990年代後半の「近未来の小型情報端末」

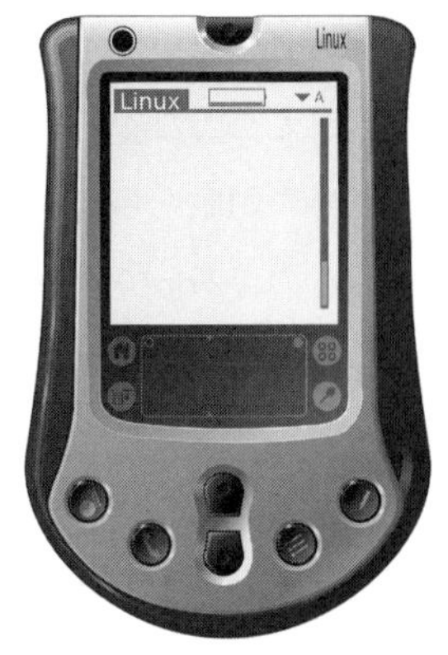

出所：Pixabay

なるものの、方向性は見え隠れしていたといえる。

当時の情報端末業界でのIBMやAppleの役割を、今日の自動車業界で担っているのは前章でみた米中の新興EVブランドのように思われる。それらのブランドではすでにそのような動きが起きているように、自動車の車室内は五感を総合的に刺激する空間になるという方向性はたしかにみえ始めている。まだ変化は漸進的であるものの、車室内にてさまざまなデジタルコンテンツが使えるようになるという点は間違いないだろう。携帯電話がスマホになったように、自動車も新しい何かになる。ここからはその何かを、利用者にとってこれまでの自動車とはどこか違うものとして「クルマ」と片仮名で表現してみたい。

クルマは、時と場合に応じて適宜適切に五感を刺激してくれる気の利いた存在になる。乗っている人の状態や反応を感知できるようになることで、気の利かせ方は必要十分な程度を模索していくことになる。利用者の思いに先んじすぎて空回りしたり気色悪いと感じたりされることなく、ちょうどよいタイミングで車載機器を用いて五感に刺激を与えることになる。刺激というのは情報提供を伴うものであってもいいし、単に共感や驚きを映像や音で表現するものであってもよい。ちょうどよいタイミングを計るために、音声やジェスチャー、さらにはバイタルサインを認識してくれるようになる。

このような存在になることで、クルマは空間コンピュータとして認識されるようになる。空間コンピュータという表現は筆者オリジナルではなくすでに頻繁に聞かれることだがあらためてこの意味について考えてみたい。パソコンの場合は、入力装置は主にキーボードやマウスで、出力装置はディスプレイ、スマホの場合は入力装置も出力装置もタッチパネル付きのディスプレイという二次元のコンピュータだった。一方でクルマの場合、入力装置はAIスピーカーや車載ディスプレイだけでなく、非接触センシングも含めた各種センサを通しての車室内全体となる。出力装置もディスプレイやオーディオを中心としつつ、ホログラムやハプティクスも含めさまざまな五感を刺激する空間全体となる。入力系・出力系機器の制御や、入力されたデータの解析などをクルマの情報系システムやそれにつながるクラウドが担うことになる。入力系も出力系も空間で構成されるものであり、このような意味でやはりクルマは空間コンピュータなのだ。

空間全体のコンピュータがどのようなシステム構成になるべきか、ハードウェアの仕様はどうあるべきかについてまだ最適解は見出されていない。そもそも空間コンピュータになるという方向性はみえていても、利用者にとって何がメリットになるのか十分に解明できていない。1990年代、携帯電話が手のひらサイズのコンピュータになるというイメージはあったとしても、そのユースケースが十分にみえていなかった状況に近い。おそらく今後、利用者の体験価値のあり方が試行錯誤されるなかで見出されていくものだろう。試行錯誤の結果、なかには利用価値を見出せなかったという実証も数多く出てくるだろう。

いずれにせよ車室内での体験は大きく変わる。A地点からB地点まで移動するまでの間、リッチなデジタルコンテンツによって車室内でさまざまなものをみて、さまざまなものを聞いて、さまざまな匂いを感じ、さまざまな情報を受け取ることになる。そのような刺激や情報は必ずしも現実に存在するものだけではなくなり、XRのようなバーチャルなコンテンツを多分に含むものになるだろう。車窓への映像表示やホログラムが加わることでその傾向は一気に強まる。クルマのなかはメタバースのような空間になる。

メタバースとはこれも現時点では定義があいまいな用語ではあるが、そのデジタル空間で独特の人間関係が構築されることや、そのなかでの経済的な取引関係が存在することが必要条件としてあげられそうだ。つまりクルマのなかにて疑似的なものも含めてさまざまな五感刺激を受ける機会がつくられ、実在する人や擬人化されたクルマなどとのコミュニケーションが発生しその関係性が構築されていったり、クルマのなかだけで使える何かに関する売買が発生するというイメージだ。前者に関しては日産自動車の実証やNIOに搭載されているNOMIが実例としてあげられ、後者に関してはたとえば中国の新興ブランド等にて模索されつつあるダウンロードした車載コンテンツに課金するような動きが想定される。このような意味で、クルマはメタバース空間になるといってもさしつかえないだろう。

私たちは、空間コンピュータとなったときのクルマのとらえ方を、いまの自動車のとらえ方とは変える必要がある。自ら率先して変えるというよりは、むしろ自ずと変わってくるという流れになるのかもしれないが、その変化というのはおそらく、「走る、曲がる、止まる」といった駆動装置の上に車室空間を載せるのではなく、空間コンピュータとしての車室空間に駆動装置を後から付けるというとらえ方になる。考え方の順番が逆になり、空間価値を最大化するための設計が求められるだろう。

このような考え方の順番の逆転は、現在いわれているSDV（Software-Defined Vehicle）にも通じる。自動車は、ハードウェアの構成として設計するのではなく、まず最適なシステムを定義したうえでそのシステムを動作させるのに必要十分なハードウェアを用意するというのがSDVの考え方だ。ソフトウェア・ファーストともいわれるが、このような流れが一般化される際、さらにもう一歩進めて、車室空間ファーストの世界になる必要があるように思われる。空間コンピュータとして車室内での体験を第一に考えたうえで、必要なシステムや駆動系のハードウェアの構成を検討するという流れだ。

 空間コンピュータならではのコンテンツ

車室内の空間価値を最大化するには、バイタルセンシング機器や車窓ディスプレイなどインプット側とアウトプット側の装置がハードウェアとして必要になり、もちろんハードウェア面でも多くの進化をとげるとしても、実際の体験をつくりだすのはコンテンツだ。これは、二次元コンピュータであるスマホの価値を引き出しているのはディスプレイそのものではなく多様なアプリケーションであり、家庭用ゲーム機の魅力は本体ではなくソフトで決まるという議論と共通だと思われる。もちろんハードウェアも重要だが、車室空間ファーストの世界では、車載コンテンツが求める機能を第一に考えたうえで、コンテンツからの要求に応じてハードウェアの仕様が決まってくるものと想定される。

ここでの車載コンテンツとは、なんらかの目的のために、インプットデータをもとにアウトプットの内容を設計し制御する一連のシステムを指す。空間コンピュータとしての価値を最大化させる機能や制御のしかたを考える必要があるだろう。なぜ

なら、スマホやPCのような二次元コンピュータではできないことを実現できてこそクルマの新たな価値「どきどき・わくわく」が見出されるからだ。現状の車載ディスプレイで表現できることはスマホでも十分に実現できることがほとんどだ。移動する三次元空間という強みを活かした体験価値が求められている。

空間コンピュータの特徴は、インプットもアウトプットも三次元であることだ。また、その空間自体が動くこともできるという特徴ももっており、その速度は時速100km以上になることもある。さらにその空間は、閉ざされた環境にあるのではなく、季節や時間帯あるいは場所によって絶えず変化する環境のなかにある。このような特徴をふまえると、スマホやPCとは違う、クルマならではのコンテンツとしてたとえば次のような4つの方向性が考えられる。

1つめは複数の五感刺激の総合だ。これはすでに新興EVブランドで試み始められており、シートをリクライニングポジションにしたうえでヒーリング音楽を流し、リラックスを促す香りを出すといった仕掛けが実装され始めているが、この方向性をさらに突き詰めるものといえる。人間である以上、視覚的な刺激は最も重要で、クルマの前後左右の窓をディスプレイなどにすることで景色に画像や映像を重ね合わせ、その画像等の方角から音が聞こえてくるように制御するといったことが考えられる。あるいはホログラムなどで車室内に人物やキャラクターを登場させ、その人物等の口元から声が聞こえてくるといった制御が考えられる。車窓の画像やホログラムが存在している位置からなんらかの匂いが漂ってきたらそのコンテンツはさらに効果を増す。車窓の向こうから何か物が飛んでくるようなARの映像とともに、その物が利用者の顔に当たるべきタイミングでハプティクスにより頬を刺激したら愉快なことになるだろう。

２つめは外部環境との連動だ。クルマがクラウドに接続されることで、インターネット上の情報といつでもつながることになる。位置情報はナビ搭載車であれば当然もっているし、自動運転機能を搭載したクルマであれば外部環境を常にセンシングするためにカメラなどのセンサが搭載されている。その他、気温や降水量などを検知することも容易に可能だ。これらのデータと組み合わせて出力装置を制御できることができるようになる。たとえばどこか特定の地点を通過する時になんらかの刺激を与えることが可能になる。具体的な例としては、市町村の境を越えるときにはその地域の特産品に関する情報を提供することができる。あるいはひいきのサッカーチームの試合中、応援するチームが得点をあげた際にはその瞬間に車室内全体をファンファーレとともに盛り上げることもできる。あるいは好みのカテゴリの飲食店、たとえばラーメン屋が近づいてきたら、車窓上のラーメン屋の方角にマーカーを立てるとともにチャルメラのようなメロディを流しスープの香りを放つという制御が考えられる。

３つめは内部環境との連動だ。自動運転システムを動かすために運転者をモニタリングする車室内カメラやバイタルセンサが搭載され始めており、まずはこれらのセンサを使うことになる。車載コンテンツのためのセンサの使い方に関するノウハウが貯まることで、さらに多くのセンサが車室内に搭載されるようになり、車室内にいる人物の状態や反応、車室内全体の雰囲気を検知できるようになる。車室内にいる人数や、それらの人物の年齢や関係性も考慮できるようになる。そうなると、クルマは利用者が乗り込んできた瞬間に、その利用者は楽しそうなのか怒っているのか、喜んでいるのか落ち込んでいるかのかがわかるようになり、適切な言葉をかけてあげられるようになる。ドライブデート中のカップルが気まずそうな雰囲気なら、場を和ますジョークを飛ばしてあげられるようになる。旅行帰りに後部座席の家族全員が眠りこけ、1人で手動運転をがんばるお父さんに対して、家族で楽しかった思い出の写真や動画をディスプレイで流してあげられるようになる。

なお外部環境と内部環境を組み合わせて条件を設定することも可能となる。ある特定の地点をある特定の気象条件の際に、ある特定の属性をもつ人物がある特定の感情で通過すると出現するコンテンツなどを設定することができる。こうすることで、その地域の特徴を活かした体験をしてもらうことができる。たとえば、福岡の太宰府前の通りを、梅が香る季節に小雨が降るタイミングで、受験生の家族が祈るような顔つきで通過すると、道真公の関係者が現れて勉学成就を祈願してくれるなどが想定できる。

4つめは蓄積したデータとの連携だ。クルマは移動する物体であり、移動した経路の情報を半永久的に蓄積していくことができる。さらにクラウド連携が進むことで移動時の目的や移動中の気持ちの変化なども蓄積できるだろう。さらにシンプルには、これは二次元コンピュータでも可能なことだが、SNSと連携することで利用者の経歴や嗜好、人間関係を把握できるようになる。このようなデータを用いるコンテンツは、もちろん個人情報管理の厳格化が求められるが不可能ではない。たとえば長年連れ添った夫婦が2人でドライブする際、過去十年や数十年の家族の歴史を感じるような各種刺激を提供できるようになる。「覚えていますか？　いまからちょうど20年前、今日と同じ9月25日に、もうすぐ生まれる長男くんの肌着を買うために2人でこの道を通りましたね。あの日も風が強い日でした」などとクルマがいうといった具合だ。個人情報の管理とともにコンテンツ提供のタイミングを高度に制御することが求められるが、うまくいけばそのクルマは最高のパートナーとなる。

3 日本総研実証と示唆

このようなコンテンツの可能性があることを念頭に置いたうえで、筆者が所属するシンクタンクの日本総研では2021年度に高度な車載コンテンツの実証実験を行っている。現時点で実際に走行する車両でできることには限界があるため、クルマのプロトタイプを用意し、そのプロトタイプのなかでは疑似的にさまざまな車載コンテンツが体験できるものとした。

プロトタイプというのは自動車シミュレータのようなもので、一辺およそ2メートルの立方体の空間内にシートを用意し、シートの前方、左右、上方をディスプレイで囲い、ディスプレイには実際の自動車を走行させた時に360度カメラで撮影

写真12　日本総研の実証実験で用いたプロトタイプ

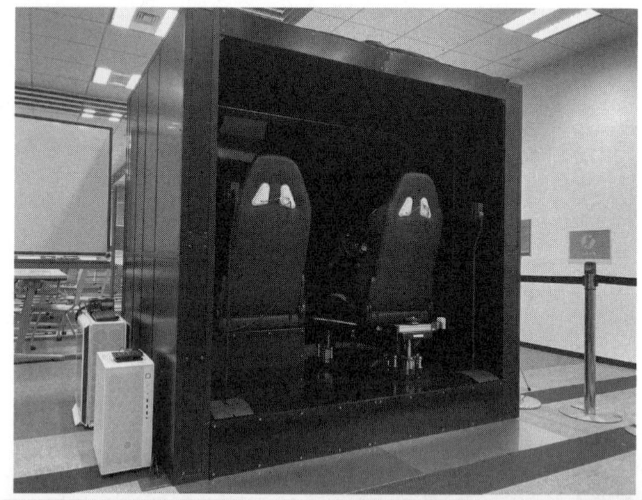

出所：株式会社日本総合研究所

した映像を流した。プロトタイプのシートに着席すると、実際にクルマに乗っているかのような感覚になるというものだ。この内部には立体音響装置、表情やジェスチャーを検知するセンサを搭載し、シートは振動するものとした。ハプティクスや香りの制御装置は搭載できなかったものの、総合的に五感を刺激する空間コンピュータとしてのクルマを想定したものとなる。

このようなプロトタイプ空間に、5つの種類のコンテンツを流した。1つめは旅行会社が、2つめは小売企業が、自らがコンテンツの提供主体となって制作すると想定した場合のものとした。これらは実際に事業を行っているそれぞれの業界の大手企業と相談しながらコンテンツの流れや表現を検討した。3つめは大手映像制作会社に、4つめは三次元コンテンツの制作実績を豊富に有するクリエイター会社に、5つめは空間デザイナーでもある大学教授に、自身としてクルマのなかで表現してみたいと考えるコンテンツを制作してもらった。

以上の5つは、後述するように、将来の車載コンテンツ関連のエコシステムを想定したうえで支援を仰いだ属性のメンバーとなる。というのも、旅行会社や小売企業は、観光地や自社が運営する商業施設にクルマで来てもらう際に、車載コンテンツを使ってもらうというユースケースが想定される。観光の満足度を高めるため、買い物のわくわく感を高めるためといった目的で、これらのプレイヤーが車載コンテンツの制作をマネジメントする可能性が想定される。映像制作会社やクリエイター・デザイナーは、自身が保有するキャラクターやデザインを、クルマのなかで表現することで利用者に移動の価値を高めるサービスを提供することが想定される。あるいは、旅行会社や小売企業のようなプレイヤーからの依頼を受けてコンテンツを制作することになる。

このようなプレイヤーとともに検討した三次元コンテンツによる体験が可能となるプロトタイプを、多くの一般モニターに体験してもらい、良かった点や悪かった点、もし有料で体験するとしたらいくらまでなら支払うかなどについてインタビュー調査を行った。そしてそのインタビュー内容を、モニターの属性と掛け合わせて分析した。その結果、次の５つの点が示唆として抽出された。

１つめは、車載コンテンツ自体の売買の必要性や可能性だ。というのは、モニターの属性によって好むコンテンツはまちまちであった。一方でほぼすべてのモニターが、用意した５つのうちいずれかのコンテンツに対して好意的な印象をもっており、今後そのようなコンテンツが利用可能になる際には追加的なコストを負担しても利用したいと考えていた。逆にいえば利用したいと思わないコンテンツもあり、そのようなコンテンツは無料でも使わないだろうということもわかった。

これはコンテンツ産業としてはいわば当たり前の話であり、スマホのアプリや家庭用ゲーム機のソフトと同様の構造だ。利用者はまずハードウェアを本体として購入したうえで、自分が使いたいと思うアプリやソフトを追加で購入する。スマホに数百種類のアプリをダウンロードする人もいれば、電話やメール以外はあまり使わないという人もいる。特定のゲームソフトのためだけにゲーム機本体を購入する人もいる。クルマも、さまざまな車載コンテンツが使える前提で本体が購入され、その後にオーナーやユーザーが体験したいと思う車載コンテンツが適宜ダウンロードされるという構造が望まれている。クルマを製造する側としては、そのようなシステムを構築することが求められているし、そのシステムには自動車メーカー以外のさまざまな主体がコンテンツを提供できる開放性を備えることが望ましい。

もう少しいうと、スマホに搭載されている電話機能は、スマホによって実現される機能のほんの１つでしかなく、なかにはめったに電話として使わないというユーザーもいる。翻って空間コンピュータとなるクルマはどうなるだろうか。クルマがもつ移動という機能は、多くのユーザーに使われるのはおそらく間違いないが、それはクルマがもつさまざまな機能のうちの１つとなる。そうなると、必ずしも移動機能を使わないという可能性もあるのだろうか。これは、以下の５つめの点に関係する論点となる。

なお、現在の自動車から高度な車載コンテンツを利用できるクルマになることで、どの程度の追加的な費用の負担を利用者が許容するのかに関してはまだまだ研究すべき点がある。まずは日本総研の実証では、イニシャルコストとランニングコストの両方の可能性がある点がみえてきている。イニシャルというのは、つまり最初にクルマを購入する際、軽自動車であれば

100万円前後から、プレミアムブランドであれば400万円以上するが、そのときにクルマの価格が多少高くなってもよいというものだ。おおむね、現在よりも１割程度高くなってもよいという可能性がありそうだ。ランニングというのは、車載コンテンツを利用するごとに支払うもので、スマホのアプリと同じような感覚での支払いとなるだろう。映像や音楽などのサブスクリプションサービスに慣れている人ほどこの方法に抵抗が少ないようで、月々数千円という可能性があった。このような利用者の負担のしかたやその大きさの程度が、車載コンテンツにどの程度の開発コストをかけられるのか、その際のビジネスモデルをどう設計すべきかという点に直結する。今後の精緻化が求められる。

２つめは、車窓ARの重要性だ。プロトタイプにはさまざまな仕掛けを施したが、モニターが最も反応したのは車窓に表現した画像や映像であった。一例としては、目的地までの経路を表示した地図や周辺の場所に関する情報を説明するテキストなどで、これらは運転支援に関するものだ。だがそれだけではなく、移動や運転とは関係のない、車窓のそこかしこに現れるさまざまなAR、たとえばビルの向こうから浮かび上がってくるイチゴ、隣の車線を駆け抜けていく恐竜のように遊び心にあふれるもの、さらには一緒に移動しているという設定のフロントウィンドウの中空に浮かぶキャラクターアバター、道路全体を覆うように現れるトンネルのイラストなどなどだ。

これらは論理的に考えればまったく不要のコンテンツで、一部のモニターからはないほうがよいとの感想ももちろんあった。しかし多くのモニターからは、移動時間が楽しくなる、いつも使うわけではないかもしれないが状況によっては使いたくなる、子どもたちがきっと喜ぶなどの声を多く聞いた。おそらく先ほどの車載コンテンツの売買が望まれるという点とあわせて考えると、状況に応じて、移動や運転に関係のないコンテンツが使える環境を整えておくことが望ましいと考えられる。

なお、現時点でフロントウィンドウに運転支援以外の画像や映像を表示することは制度上禁止されている。これは当然ながら事故防止の観点からで、運転者が運転に関係のない事象に注意を向けないようにするというのが背景にある。しかし逆にいえば後部座席に座る人に向けてリアサイドウィンドウなどに画像等を表示することは原則としてさしつかえないし、今後自動運転が実装されるようになれば一定の範囲内でフロントウィンドウにも表示して問題ないという判断もありうるだろう。いずれにせよ現時点でわかっていることは、車窓ARが一般ユーザーから求められている可能性が高いことであり、技術面や制度面での課題が今後明るみになると思われる。

３つめは、場所に紐づけたコンテンツの有効性だ。自動車は移動するというのが現時点での最大の価値と思われるが、移動に伴って現れるさまざまな景色に関連づけて情報提供などを行うというものである。たとえば街並みのなかに飲食店があればその詳細を知らせるものや、地域で何かイベントが開催されていればその情報を提供するもの、観光施設などの解説を行うものなどがありうる。これは、大部分のモニターから歓迎する旨の反応を得ることができた。商業施設などと組み合わせるとほとんど広告のようにもなるが、場所に関連づいていることで商業的な嫌らしさを感じないという声が多かった。もちろん限度はあるものの、景色と情報が組み合わせられることで、その情報が利用者に提供される必然性が高まるからだと考えられる。

情報の提供のしかたとしては音楽や音声でもいいし、場合によっては香りを組み合わせるという手段もあるかもしれないが、やはり視覚的な刺激が人間には最も効果的だろう。先ほどの車窓ARと組み合わせるとさらに大きな可能性がみえてくる。というのは、車窓ARの特徴として自然に目に入ってくるという点があげられるからだ。利用者はいわば受動的に情報を受けるものであり、自ら望んで検索するものではない。受動的でありつつ場所と紐づけることで、抵抗感なく自然と受け入れることができる。さまざまな用途がありうるだろうが、やはり特に新たな広告メディアとして機能するだろう。たとえスマホであってもポップアップ広告には唐突感があり鬱陶しいと感じる向きは強いが、場所に紐づいた車窓ARであれば可能性が広がる。広告というと商業的で一方的な印象を与えてしまうかもしれないが、やり方によっては、新たな関心を呼び起こしてくれたと感謝されるようになるかもしれない。

４つめは、ゲーミフィケーションとの親和性だ。プロトタイプでは特定の地点を通るとポイントがもらえるというコンテンツを用意したところ、一部のモニターから強い賛同の意が示された。一方で一部のモニターからはまったく興味がないとのコメントもあり、評価が二分されるものでもあった。とはいえ一部には関心を示す層がいることも確かといえる。そのような層からは、クルマを使ってさまざまな場所をめぐるだけでも十分に楽しいが、デジタルコンテンツによってなんらかの動機づけを働かせてくれることでさらに楽しくなるという意見が聞かれた。

すでにナイアンテックの「ポケモンGO」やスクウェア・エニックスの「ドラクエウォーク」などスマホでできるARゲームがあるが、それらをクルマ全体を用いて楽しむという話になる。クルマだからこそ行動範囲は圧倒的に広がり、特定の地点を通ることでポイントがもらえたり、車室内の雰囲気によってミッションをクリアしたことになったり、というゲーム構成が考えられる。ゲームのスポンサーとして観光地や商業施設が加わることで、ゲームをクリアすると現実世界で使えるクーポンがもらえるなどの設定も可能になるだろう。クーポンがもらえるというお得感を口実に、週末の楽しみとしてやってみたいとの声もあった。あるいはクーポンのような金銭的なものだけでなく、クリアした人だけにこっそり教えてあげるうんちくでもいいのかもしれない。NFTと組み合わせてデジタルな景品を提供するという可能性もある。

その際、全天空型のコンテンツ空間が望まれるという傾向があった。特に視覚面は重要で、単一のディスプレイだけでなく前後左右に、できれば天井にもデジタルコンテンツが現れることで没入感が増すのではないかという声だ。現時点では制度上できるわけではないものの、今後のクルマの方向性として全天空型というのはキーワードになるように思われる。

５つめは、停車中利用という可能性だ。これは全天空型という方向性とも関係するものだが、そうなった際には他の空間にはない没入感でコンテンツを楽しむことができるようになる。閉ざされた空間だからこそ体験できるという映像や音響効果が想定される。モニターからは必ずしも移動しながら使うのではなく、止まった状態で楽しむこともありうるという意見が聞かれた。プロトタイプでは映像制作会社や空間デザイナーの先生にコンテンツを制作してもらったが、これを自宅の駐車場に止めたまま使いたいという声が聞かれたという次第だ。

移動中の体験価値を高めようと試行錯誤していくことで、最終的にはその空間自体が重要になり、むしろ移動しなくてもその空間に価値が見出されるというような変化が起きることが考えられる。たしかに現在でも、特にプレミアムブランドのオーナーなどは、停車中の自家用車の車内にて大音量で音楽を聴くという習慣がある人もいるようだ。コロナ禍の際には車室内でデスクワークするという動きが広まった。もちろんすべての人がこのような使い方をするわけではないとしても、車室内のHMIが高度化し多様なコンテンツが創作されるようになるなかで、むしろコンテンツ体験空間としてのクルマが重宝されるようになる可能性もある。クルマの価値基準の変化として重要な示唆だと考えられる。

以上のように、自動車は多様なインプット・アウトプット装置を搭載するようになることで、インターネットに接続した環境を用いて空間コンピュータとしてのクルマへと進化することが想定される。それは従来の自動車とはまるで異なる性質の製品として位置づけられる可能性があり、車載コンテンツのあり方によっては、従来よりも高い価格で販売され、販売後も継続的に利用者へのサービス提供が可能であることが想定できることがわかる。今後、どのような車載コンテンツがどのようなユースケースを生み出すのか、次章以降にて詳しく検討してみたい。

近未来のクルマのユースケース

移動自体の目的からの方向性

前章で述べたように、将来的にはクルマは空間コンピュータとして、もしかしたら停車しながら使うことにもなるかもしれないという可能性を念頭に置きつつも、いきなりそこにジャンプするのではなく、今後の発展経路としては従来の自動車の価値を高めることから始まると想定するのが自然だろう。従来の価値とは、移動できることそのものだ。そこで、クルマはどのような仕様になるのか、どのようなユースケースが考えられるのかという点について検討するために、そもそも移動とは何か、人はなぜ移動するのかという点について整理してみたい。

人はなぜ移動するのか。これは、コロナ禍によりリモートワークも日常になりつつあるいま、eコマースによって必要なものの多くは宅配で届くようになりつつあるいま、あらためて問いかけられる問いだ。だれかに会いに行くから、仕事があるから、買い物に行くから、いつもの習慣だから、特に用事はないけど何となく、ひまだから……などなど回答は枚挙にいとまがないだろう。一方で、人間の本性だからと一言でいってしまえばよいという議論もあるようだ。好奇心がある限り人は移動するものだという議論もあるだろう。ここではまず、極限状態のような移動を繰り返している人物の言葉の検討から始めつつ、経済学的観点ではどのような定義なのか、身近な感覚ではどうなのかという順で、人はなぜ移動するのかという点について検討してみたい。

まず移動という行為の極端な事例として、あえて過酷な環境を選んで移動を繰り返している人物の事例をいくつか取り上げたい。厳しい自然環境の山地や森林を、数カ月かけて数千㎞黙々と徒歩でトレイルするスルーハイカーで、古今東西の宗教や哲学にも造詣の深い米国のジャーナリストであるロバート・ムーアは、『トレイルズ―「道」と歩くことの哲学』（ロバート・ムーア著、岩崎晋也訳、2018年、エイアンドエフ）のなかで、「道を歩くとは世界を理解することだ」といっている。

「長距離ハイキングは、わたしにとっては現実的で必要最小限のアメリカ式歩行瞑想だった。トレイルはその制約のため、より深く考える自由を精神に与える」という。日常の雑事から解放され、足を前後に動かすというシンプルな動作を繰り返し、とはいえ周囲の環境は多くの場合厳しくもあるなか絶えず外界への注意を怠らず、その状況や自身の内面の観察に没頭するなかで、精神の平穏さに到達できることがあるのだという。

精神の平穏さとは何かという点が気になるが、ムーアが同書の別の箇所でいうには、トレイルの最中には「ある考えと、それと相反する考えを同時に思い描くことがよくあ」るらしい。これが十分な解釈かどうかはわからないが、おそらく多様な考えを自分という１人の人格のなかにもつことができる、新たなものの見方ができるようになる、という趣旨なのではと思われる。それが仏道でいうところの「中道」につながり、精神の平穏という表現につながっているとムーアはいう。移動の目的とは精神の平穏を獲得することであるというとさすがに言い過ぎかもしれないが、しかし究極の移動をしているスルーハイカーの言葉は示唆深い。一般の移動であっても、多様なものの見方を得るため、深く考える機会とするためという向きはあるのだろう。

極地や原生林奥深くなどでのフィールドワークの経験を豊富にもつ英国の社会人類学者のティム・インゴルドは『ラインズ―線の文化史』（ティム・インゴルド著、工藤晋訳、2014年、左右社）にて、近年は「徒歩旅行（wayfaring）から輸送（transport）への変化」が起きている、として次のように論じている。

徒歩旅行とは、「環境を知覚によって監視し、旅行者の動きは、絶えずそれに反応する」ことだという。そのため周囲の環境からの「合図」に敏感になり、全身でその感覚を味わうものと定義している。徒歩旅行と呼んでいるが動力を用いてはならないわけではなく、自転車でもバイクでも、あるいは自動車を用いていても「環境を知覚によって監視」していればここでは徒歩旅行の範疇としているようだ。一方で輸送とは、地点から地点に移るものとされる。移動中の「移動と知覚との親密なつながり」が消失し、「風景や音や感覚は、彼を運ぶ動きにまったく関係がない」ものになるという。こうした輸送という移動行為は乗合馬車によるツアー旅行に見られ始めるようになり、旅行者は目的地の訪問のみを目的として、その過程で得られる知覚を喪失してしまったとされる。

インゴルドは輸送のような旅行を全面的に否定するものでは

ないが、旅行あるいは移動の醍醐味をなくしてしまうものとして輸送を定義している。移動のおもしろさは、始点も終点もあいまいで、移動の最中に環境を知覚によって認識し続け、その場所ごとの魅力を感じ取ることだという趣旨と思われる。移動の目的とは、移動の途中に存在する無数の場所の魅力を味わうことだと言い換えさせてもらえるのではないか。

もう1人、自身が世界を旅するバックパッカーであるスウェーデン人作家のペール・アンデションを取り上げたい。自伝的エッセー『旅の効用—人はなぜ移動するのか』(ペール・アンデション著、畔上司訳、2020年、草思社)にてインゴルドと同様の趣旨を語っている。旅をすれば「一瞬ごとにさまざまな印象を得ることができるので、人生が濃密になっていく」という。旅とは「未知の音、噂、習慣と相対することだ」としており、そのような経験を積んでいくことで、想定外のことにいちいち神経質になることもなくなり、異なる習慣や新たな人間関係を受け入れられるようになるとしている。同書では世界各地を旅行した体験記が記されているが、セレンディピティは1つのキーワードだ。「カフェの他の客とせわしない会話を交わしたり、ホステルの休憩室で誰かと出会ったり。こうなると万事が明るくなる」そうだ。

西洋の著書ばかりを取り上げたが、以上のような、移動中に自分を見つめ直したりだれかに出会ったりすることこそが移動の価値であるという議論は日本語の意味の変遷のなかにもみられる。「道中」という言葉は近世まで「みちなか」と読まれ、道中と旅行はほぼ同義であったようだ。奈良大学学長を務めた鎌田道隆の『お伊勢参り—江戸庶民の旅と信心』（鎌田道隆著、2013年、中央公論新社）によれば、「道中とは、自分の家を出てから目的地に辿り着くまで、または自宅に戻るまでが旅であり、「みちなか」こそが旅である、江戸時代の人々はそう理解していたらしい」といっている。道中での経験こそが移動や旅行の大事な部分であるとの趣旨と理解できる。

ちなみにお伊勢参りは江戸時代の人々にとって、一生に一度は体験してみたいとされるイベントだったようで、もちろんお参りそのものも目的の１つだったに違いないが、むしろその道中での体験が目的という見方もされていたようだ。それは娯楽的な意味だけでなく、自分の地域の人々に他の地域の状況を伝えるという教育的・社会的な意味もあったらしい。なぜお伊勢参りに行くのかという問いに対して、形式的にはお伊勢さんにお参りをするためと答えつつも、実際には道中で多様な経験ができるからと考える人が多かったものと思われる。

このような議論から、移動とは、その道中で遭遇する何かによって心を動かされたり、自分を見つめ直したりしたいがために行うのだ、というイメージが浮かび上がる。また、これまでの知己ではないだれかに出会ったり、いままで気づけなかった何かに対して新たに関心をもてたりするようになるという点も、移動の副産物として期待されているように思われる。

このようなイメージは、多くの人にとって違和感はないのではないか。旅先のふとした景色に心を動かされたという経験は多くの人が人生で何度かはもっていることだろう。しかし事例として引いたのがスルーハイカーやフィールドワーカーという極端な事例だったように、日常的なイメージとは若干異なるかもしれない。普段の買い物での外出や通勤の際に、心を動かされたり自分を見つめ直したりすることを第一の目的としている人はほぼいないだろう。セレンディピティは、偶然性があるからこそ価値がある。

そこで身近な例を1つ挟んでみたい。公園やキャンパスのような敷地にある大きな芝生の広場では、おそらく多くの人が通ったことでできたのであろう、芝生の禿げた線ができているのをよく見かける。獣道と同じで、そこに最初から線があったわけではないが、多くの人が通ることで自然と芝生が抜けていって道のようになる。芝生の管理者が禿げた線を上書きするように芝生を植え直す実験が行われたことがあるようだが、それでもしばらくするとまた線は同じ場所に復活するらしい。

これは、人々がなんらかの目的を達成するためにこそ移動していることを示唆している。だれが指導したわけでもないのに、それぞれの人が自分の移動目的を達成するために最も効率的な経路を選んだ結果、芝生の上に線ができあがるという構図だ。目的とする場所や建物がおそらく近くにあって、そこに最短で到達するためには芝生の上といえども一定のラインを通ることが合理的だったという次第だろう。人間は、完璧ではないが一定の合理性をもった存在といえる。だからこそ、合理的な個人を前提としたミクロ経済学が理論として重要なものとなる。

ミクロ経済学としての消費者行動理論の一環である交通行動分析では、移動の効用は目的地で行う活動で得られる価値を得ることだとされている。この理論のなかでは、目的地での活動は「本源活動」と呼ばれる一方、移動時間や移動に要する費用は本源活動を行うためのコストとして位置づけられる。移動時間はできるだけ短く、移動のための予算はできるだけ安くするべきものとされる。これはいわば無味乾燥な議論でもあり、旅行家や思想家には嫌われる議論かもしれないが、おそらく日常的な感覚にはこのほうが近しい。

多くの人の多くの場合、移動の目的とは、目的地に到達することだ。そして移動の価値を高めるとは、本源活動と呼ばれる目的地での活動の成果を高めることだという言い方ができるのではないだろうか。たとえばオフィスに移動する際には通勤時間を活用して仕事の成果があがるよう準備することであり、動物園に行くときは動物をみることで楽しいという気分を盛り上げることだ。移動とは目的地に行くための行為であり、目的地に行くのはそこでなんらかの用事があるからであり、その用事の成果が高まるように移動時間を使うことが望ましいと整理できる。

しかし目的地がない移動の場合はどう考えたらよいだろうか。そのために、さらに身近な例を取り上げたい。巷には自動車関連の雑誌が数多く出版されており、モータースポーツという側面を強調するもの、普段使いの乗用車の良し悪しを比較するもの、ドライブ旅行に焦点を当てたものなどさまざまな種類がある。いずれの場合もよく取り上げられるのが、家族や恋人と一緒にドライブする際には、その一緒にいる人との親密度が増すというストーリーだ。同じ景色をみて、同じものを食べ、何をするわけでもなく同じ時間を共有するという体験が、家族や恋人との距離感を縮めるというもので、多くの人がこの効用に注目していると考えられる。

特に自動車は、閉ざされた空間という特徴がこの傾向を強くする。また、車室内の２人あるいは複数人が皆、同じ方向を向いていることが共通体験という効果を強めているという議論もある。なぜドライブデートをするのかという問いに対して、移動中に恋人との距離を縮めるためという答えや、なぜ自家用車で家族旅行をするのかという問いに対して、子どもや家族と車内でいろいろな話をしたいがためという答えは多いだろう。移動の目的として、一緒に行動する人との親密度を高めるという効果は多くの場面で共通であり、むしろそれは目的地での活動よりも大事なこともある。つまり移動の目的とは、一緒に行動する人との共通体験を生み出すため、距離感を縮めるためという整理ができる。

以上は、過酷な移動を繰り返す人々の金言から、経済学的視点、身近な雑誌記事の内容をふまえてできるだけ網羅的に移動の目的を整理しようという試みだ。その結果、まずは経済理論にて前提とされているように、目的地にてなんらかの活動をするためという当たり前の回答が見出される。これが１つめの移動目的だ。しかしそれだけはなく、移動中に一緒に行動する人との親密度を高めるためという点も2つめの目的として存在しているといえる。また、移動中に自分自身を見つめ直すためという点も3つめとして想定できる。そしてさらには、セレンディピティという言葉に象徴されるように、移動によって偶然の出会いを得るためという4つめの目的もある。

2 DUAL MOVEコンセプトと具体的なユースケース

このような4つの点を移動目的と仮定したうえで、空間コンピュータであるクルマはどうあるべきかという点について検討したい。移動の目的が何であれ、クルマは、車室内の多様なインプット・アウトプット装置を用いて、移動という行為をするに至った気持ちや思いが成就されるのを支援することが望ましいのではないだろうか。クルマは基本的には移動するための装置であるが、最高の移動装置とは、移動という物理的な現象だけでなく、移動目的の達成度を高めることが歓迎されるのではないだろうか。そして移動目的の達成度を高めるには、その時々の目的に応じて気持ちの変化を促してあげたり、気持ちの状態に応じて対応を変えてあげたりすることが必要ではないだろうか。以下にて移動目的ごとに詳細を論じるように、車室内に多様なHMI機器をもち、オーナーやユーザーを見守るセンサが搭載され、その両者をつなぐシステムが高度化されたクルマは、状況に応じて、気持ちの変化を促すことが可能だし、そうなる必要があるのではないかと思われる。

つまりクルマは、利用者の身体を物理的にＡ地点からＢ地点に移動させるだけではなく、その道中で気持ちの変化を促して移動の成果を高めてあげるものになることが必要かつ可能である。一言でまとめると、身体を移動させ（MOVE）、気持ちの変化を促す（MOVE）ものであり、DUAL MOVEという呼び方をしてみたい。

DUAL MOVEができるのは、他の装置では実現できないクルマならではの特権だ。自転車やバイクは、気持ちをMOVEさせる電子機器がほとんどついていない。電車や船は多くの場合は公共空間となるため個々人の状況に配慮してあげられない。テレビやPCは移動という機能を提供できない。スマホやタブレットは持ち運ぶことはできるものの五感全体を刺激するものではない。今後スマートグラスが普及して移動中にも利用できるようになるかもしれないが、身体を包み込むような没入感を与えるものにはならない。自宅やオフィスの一室を全面的に電子機器で囲うこともできるかもしれないが、これもやはり実際の移動という機会は与えてくれない。自動車を起点としつつ空間コンピュータとして発展するクルマだけが、駆動装置と五感全体を刺激する装置を併せ持ち、身体と気持ちのDUAL MOVEを実現できるものになる。身体を移動させることで何かの目的を達成しようと試行錯誤してきた人類にとって新たな

図表5－1　DUAL MOVEイメージ

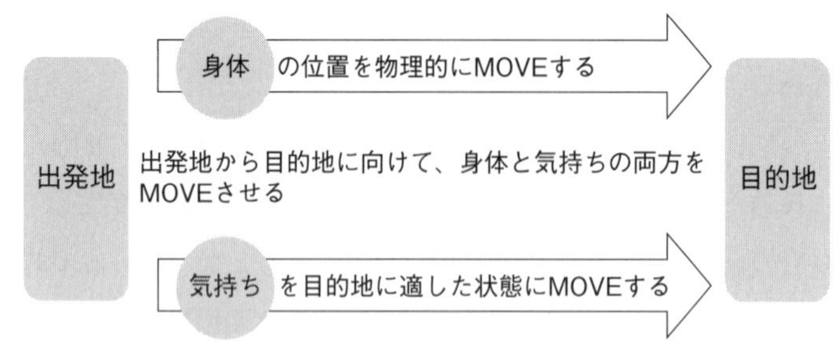

出所：筆者作成

可能性を拓くものになる。

今後、車載コンテンツによってDUAL MOVEすることがクルマには求められる。車載コンテンツを使って何ができるかを検討するため、DUAL MOVEという方向性に、先ほどの4つの移動目的を掛け合わせて具体的な利用シーンをあげてみたい。これらは、現時点で想定できる今後のクルマのユースケースと位置づけられる。なお、クルマはいうまでもなくグローバルな製品であり、DUAL MOVEもグローバルで共有されるコンセプトと想定されるため、利用シーンには世界各地のペルソナに登場してもらうことにしたい。

①　目的地での活動の成果拡大

あらためて整理すると、人が移動するのは、最もシンプルにいえば、目的地で何かやりたいことがあるからであり、それは買い物かもしれないし、友だちと遊ぶことかもしれないし、仕事をすることかもしれない。その目的は自ら望んだものかもしれないし、渋々やらざるをえないことかもしれないが、いずれにせよせっかく移動するからには目的地での活動の成果を高めることができたほうが、移動する人にとって移動の価値を高めることになる。

目的地での活動の成果を高めるには、もちろんさまざまなやり方があるだろうが、その活動にふさわしい気持ちになっていること、気持ちの準備ができていることが望ましい。たとえば通勤するときに「あーめんどうだなぁ、早く週末にならないかなぁ」と思っていては仕事もはかどらないだろうし、友だちと遊ぶときに「本当は１人で本を読んでいたいんだよなぁ」と思っていては友だち側もげんなりするだろう。そうではなくて、「よーし、今日もがんばろっかなぁ」と思っていたり、「早く友だちに会いたいなぁ」と思っていたりすることが、到着してからの活動もおもしろくなるのではないかと思われる。

そのためには、たとえば通勤する際、乗り込んだ瞬間にまだ眠そうな顔をしていたら、クルマのAIが元気よく挨拶してくれたり、アップテンポの音楽をかけてくれたりするのがよいかもしれない。もちろんこれは個人の好みによるので、むしろ同情してくれたり落ち着いた音楽を好む人にはそうしてあげたらよい。だんだんと眠気も覚めてきたようにセンシングができたら、今度はSNSで最近アップされた友人のサクセスストーリーでも聞かせてあげることで、「俺もがんばろう！」という気持ちになるかもしれない。あるいは道中に競合企業のオフィスがみえるタイミングで、最近その会社からリリースされた新サービスの情報でも聞かせてあげたら、競争心が湧いてくるかもしれない。あと10分で到着というタイミングになったら、今日明日のスケジュールを示してあげることで、到着後スムーズに仕事に取り掛かれるようになるかもしれない。

このような使い方の具体的なユースケースとして、たとえば次のような事例を考えてみたい。DUAL MOVEの１つの典型例として想定できると思われる。

ITエンジニアのシュミットさんの一番の趣味は、もうこの数年はずっと、８歳の息子のレオンくんと遊ぶことだ。もともとは森のなかでのキャンプが好きだったが、それもレオンくんと遊ぶための手段の１つになってきた。もちろんずっと相手をするのは骨も折れるが、レオンくんの喜ぶ顔をみたり将来を夢みたりするのは最高の喜びだと感じている。

最近、レオンくんがしきりに動物に興味をもつようになってきた。週末は動物特集の動画を一緒にみようとよくいうし、以前はおもちゃ箱の奥深くに眠っていた動物の模型で戦いごっこをするようになっている。ゴリラ対サメなど異種格闘技戦の際にはシュミットさんも敵方役として相手をする。

ある時レオンくんに「ゴリラのドラミングの音はすごいんだぞ。胸一杯に空気を吸い込んで、本当にドラムみたいな音がするんだよ」といってみたところ、目をキラキラさ

図例1　動物園に向かう時の車載コンテンツイメージ

車載コンテンツなし

車載コンテンツあり

せて「本物をみたい！」という。これはいい機会だと思い、今度の週末には動物園に行ってみることにした。

土曜日、シュミットさんは朝からサンドウィッチをつくって準備万端だ。今日はいくつかの動物をオードブルとしてみた後に、メインディッシュのゴリラをみる。その後にサンドウィッチを食べながらレオンくんと語り合うのだ。シュミットさんはむしろレオンくんよりもうきうきしながら車に乗り込んだ。

シュミットさんとレオンくんは前方シートに横並びで座る。目的地を動物園にセットして、自動走行で出発だ。ところがレオンくんのようすがどうも浮かない。「今日はやっぱりXboxで遊びたかったなぁ。だって学校でさ……」と言い出してしまった。なんということだ。父親の自分は盛り上がっていたのだが……。いきなりXboxを否定するのも気が引けるのでそれなりの相槌で話を返しつつ、シュミットさんは「動物園コンテンツ」をそっと起動する。最近、動物学者監修のもとで制作されたものらしい。

数分後、アウトバーンの中央分離帯で何かがちらちらっと動き始めた。「あ！　リスだ！　たくさんいるよ！」とレオンくん。その声に反応したかのように大勢のリスがこちらを振り返り、小さい体で大きく手を振ってくれた。満足気なレオンくんは、今度は対向車線のクルマに注目する。それぞれのクルマの屋根の上に、ライオン、クマ、シマウマ、キリンなどなど、いろんな動物が乗ってレオンくんに手を振ってくる。「うわぁ、いろんな動物がいるね」とレオンくんは楽しげだ。

もちろんこれらはARだ。中央分離帯や対向車線のクルマの位置にピタリと動物のAR動画を重ね合わせている。レオンくんはだんだんと盛り上がってくる。今度はガードレールの上にペンギンが現れ「ペンギンはオスが卵を温めるんだよ」と豆知識を語りかけてきた。その声はドップラー効果で後ろに遠ざかっていく。遠くにみえる森の向こうからクジャクが飛んできて「羽がカラフルなのは女子にモテるためなのさ」という。空から語りかけられているような感じになる。「早く会いたいなぁ。ゴリラもいいけどペンギンもみたいなぁ。ねぇ父さん？」とレオンくんはいう。

シュミットさんはすっかり安心してレオンくんとの会話を楽しむ。目的地に到着すると、数百m前のほうに動物が大集合して「動物園で待ってるよ！」といいながら園のほうに駆け出して行った。「早く早く」というレオンくんに手を引かれてシュミットさんは入口に向かう。せっかく動物園に息子と来るなら、本当はテレビゲームがしたいなぁといわれながらよりも、こうやって「本物がみたい！」とせがまれながら来たいものだ。シュミットさんは喜んで動物園のチケットを購入した。

② 一緒に行動する人との関係構築

若者の車離れといわれつつも、やはりドライブはデートの手段として人気だといえる。家族旅行の際に自動車で行きたいというのも、自家用車を購入する大きな理由の１つとなっている。これらは、電車やバスよりも自動車のほうが楽だからという理由以外に、ドライブデートの最中に恋人との距離を近づけることができるから、家族での一体感を強くできるからという側面がある。これは乗用車だけでなくバスでも同様で、たとえば学校行事にてバスを使う社会科見学などの際に車内でのレクリエーションを行うのも、時間つぶしという消極的な理由のほかに、同級生とのコミュニケーション密度を高めるという目的もあるようだ。

このように一緒に行動する人との距離を縮めるには、お互いの気持ちを推し量ってあげたり、共通体験の機会を多くしたり、その体験を印象に残るものにしてあげることが望ましい。もちろん場合によっては距離を縮めるのが目的ではなく別れるのが目的だという場合もあるかもしれないが、その場合はむしろクルマが相手との距離を広げるような支援をしてあげればよい。要はそのクルマのオーナーや主役となるユーザーの思いに沿って、それ以外に乗車する人との関係性がそうなるように支援することが大事だと思われる。

そのためには、たとえば一緒に行動する人のバイタルをセンシングして体調だけでなく喜怒哀楽の状態を推定したり、共通の趣味を把握しておくことができていれば道中の景色と関連づけてその話題を提供したり、車室内でのジェスチャーや掛け声によってコンテンツが登場したり消えたりという制御が考えられる。もちろんこの方面の用途でのやりすぎは問題で、自分の喜怒哀楽がだれかに推定されているのは気持ち悪いし、車内での話題をAIに依存していると思われたら逆に幻滅されるだろう。クルマにそのような機能がついていることを相手と共有したうえでの適切な使い方が望まれる。

いずれにせよ使い方によっては新しい体験価値を創出できる可能性が高く、たとえば次のような事例を考えてみたい。試行錯誤によって高度なシステムが構築されていくのではないかと思われる。

> 金さんと朴さんは最近知り合った。最初に居酒屋で出会ったときは周りの友だちとお酒の勢いもあってワイワイとみんなで話した。なんとなくウマがあうということで、その半月後にはカフェバーで２人だけでの食事を楽しんだ。金さんは、自分は女性との付き合いが上手なわけではないと思っていたが、朴さんとは自然体でのやりとりができた。カフェバーでは、よくあるようにお互いの好きなことの話になり、２人ともある昔の映画がずっと好きだというのを発見した。
>
> それは経済成長期の家族の物語で、菜の花が大事な役割を果たしている。表面的に好きというだけでなく、金さんも朴さんもその映画の背景や隠れたメッセージなどもわか

図例２　車室内のジェスチャーに応じて動作する車載コンテンツイメージ

車載コンテンツなし

車載コンテンツあり

っており、それぞれ似たようでちょっと違った解釈をしているのも金さんには楽しかった。そしてこれもまた自然と、金さんは朴さんに、そのロケ地に一緒に行ってみようということができた。朴さんもOKしてくれた。喜んでくれているようにみえた。カフェバーから帰る頃、金さんは朴さんに強い恋心を抱いていた。

金さんは今度のデートで朴さんに、付き合ってほしいとちゃんというつもりだ。朴さんはそれを受け入れてくれるのかどうか不安でたまらない。きっと、ロケ地へのデートが楽しいかどうかにかかっているのではないかと思ってしまう。なんとしても朴さんに満足してもらわないといけない。人生で最も大事な日のように思えてくる。金さんはクルマのレンタルを予約した。

当日、待ち合わせ場所にクルマで向かう。何はともあれ、今回の映画をテーマにしたコンテンツをダウンロードして起動しておく。朴さんはジーンズにTシャツという格好だ。金さんは10代の頃のようにまたどきどきする。前回までは自然体でいられたのに、今日はどうもうまく口が回らない。朴さんは自分のことをどう思っているだろうか、そればかりが気になってしまう。

そんな金さんの気持ちを知ってか知らずか、ロケ地までの道中、クルマが映画の話を絶妙なタイミングで持ち出してくる。主演俳優の最近の作品や、ロケ地周辺での名物を紹介してくれる。金さんも朴さんも強い興味の対象なので、だんだんとお互いの会話も滑らかになってくる。いい感じになってきたように思えてくる。金さんは少し落ち着きを取り戻す。

重要な舞台になった公園がみえてくる。2人とも「あれだね」「好きだったのはずっとだけど来るのは初めて」とテンションが上がる。すると公園の木々の間から、ニコニコしながら少女が駆け出してきた。ARの映像だ。その後をキャンキャンと吠えながらARの子犬が追いかけてくる。映画の名シーンの1つを表現したものだ。金さんも朴さんも思わず歓声をあげる。公園前に停車すると、向こうにみえる丘の斜面全体がARで菜の花畑のようになった。そしてどこからか花の香りが漂ってくる。「あぁ。なんだか映画のなかにいるみたいだね」と朴さんがいう。

いくつかの場所をめぐって楽しんだ帰り道、ロケ地周辺を後にしようとすると、フロントウィンドウ前方に、2人でハートマークをつくってみませんかというメッセージが表示される。何だろう、と2人で顔を見合わせつつ、何だろうね、と少し照れつつ、せっかくだからということでお互いの右手と左手でハートのかたちをつくってみる。すると今度は車室内全体が再び菜の花に包み込まれるようになり、春風のような空気が漂ってきた。「すごーい」と朴さんが喜んでくれる。「これ、映画の最後のシーンってことね」という。

金さんも純粋に楽しみつつ、朴さんが喜んでくれていることがいちばん嬉しい。いまなら、映画でのハッピーエンドのように、朴さんと自分もいい感じで今日のこのデートを終えられるのではないかと思ったりもする。朴さんの横顔をみながら、金さんはすうっと息を吸い込んだ。

③ ひらめきの獲得や自省

移動中はアイデアを捻りだすのにちょうどよい場面といわれる。古い例を持ち出すまでもないかもしれないが、北宋の学者であり政治家である欧陽脩は、『帰田録』のなかで文章の構成やアイデアを練るのは「三上」がよいとしており、「馬上、枕上、厠上」としている。つまり馬に乗って移動している時か、布団に入って寝つこうとする時か、トイレにこもっている時だという。何かを考えるのに移動中という環境は適しているというのは、多くの人が同意するところだろう。

おそらくそれは目に映る景色が変わっていくことで、ちょうどよい具合に意識が散漫になるからではないかと思われる。アイデアを考えたり自分の内面を深く考える際にはマインドワンダリングが必要といわれる。あまり1つのことに集中しすぎるのではなく、ある程度余計なことにも考えをめぐらせ、そのうえでもともと考えを深めたいと思っていたことにも意識を向けるという状況が望ましいということだ。オフィスよりもカフェのほうが仕事がはかどるという話にもつながると思われる。

そのためには、たとえば車窓ディスプレイでのARによって外の景色を最大限に活用しマインドワンダリングの状態を引き起こしたり、バイタルセンシングによって何かに集中しているのかどうかという意識の動きを把握したり、場合によってはAIスピーカーからの簡単な問いかけによって検討内容を深める支援をしたり、マイクで声を収集することでその内容を記録してあげたりという機能が望まれる。景色を漫然とみせるのではなく、何かのビルや山のように注目すべきスポットを定期的に指定することで意識がテンポよく変わるかもしれないし、「それは大変でしたね」「その時どう思ったのですか？」などの問いかけができればセラピーのようなやりとりも可能かもしれない。

このような、クルマを用いてひらめきを促されたり自分の内面的な思いを確認したりする場面として、たとえば次のような事例を考えてみたい。考え事をするなら、自宅でもオフィスでもカフェでもなく、クルマのなかだという時代が来ることが想定される。

　学習塾を経営するナセルさんは、これから自分の塾をどうしていこうかともう何カ月も悩んでいる。地域の子ども向けの教室を運営し始めてもう８年になる。一昨年からは講師の人数もだんだんと増やし、最近では女性の名経営者としてローカル紙で紹介されたりもした。いまやっている教室は次第に要領もわかってきたし、ある程度マニュアルをつくっておけば講師のメンバーに任せていけそうだ。

　考えているのは、もう少し教室のラインナップを増やそうかということだ。中高生向けの大人数教室から出発し、

図例3　車窓にみえる景色に情報を加える車載コンテンツイメージ

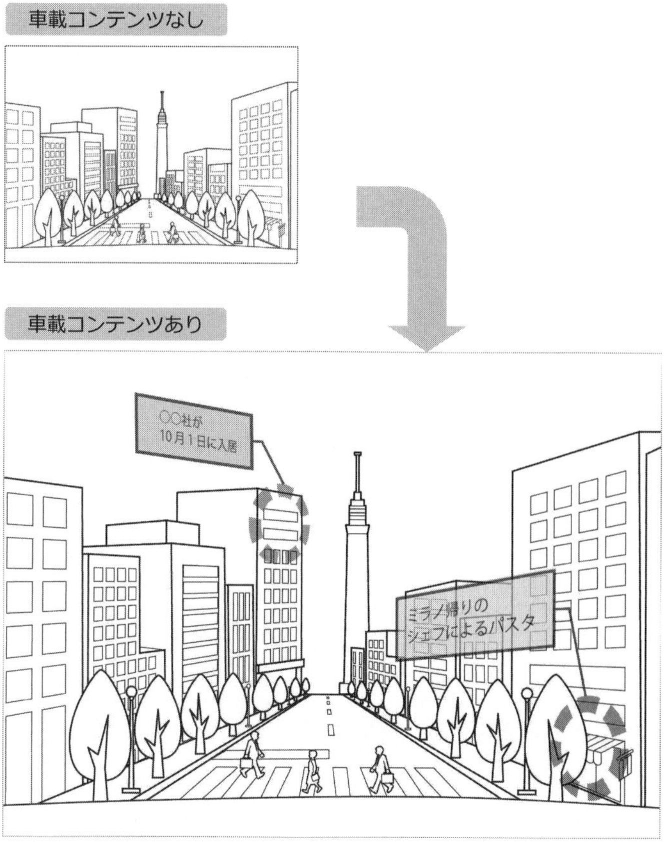

車載コンテンツなし

車載コンテンツあり

○○社が
10月1日に入居

ミラノ帰りの
シェフによるパスタ

その後すぐに個別指導も始めた。小学生向けの教室も展開している。しかしもっとできることがあるような気がする。とはいえそれと同時に、他の地域への進出を優先したほうがいいのではないかという考えもある。両方やったらいいではないかという思いもあるし、逆に業容を拡大するよりもマネジメントの機能を強化する必要があるようにも思われる。

これまでワンマンでやってきたので、どうにも相談する相手もいない。夫はいい人だが仕事の悩みの相談に乗ってくれるタイプではない。それでも昨晩はちょっとだけこの話をしてみたところ、うーん、ぼくにはわからないけど、気晴らしにクルマで１人で出かけてみたら？　といってくれた。夫の気遣いに感謝して、さっそく今日はそうしてみる。少し遠くの港町まで行ってみよう。その際にはクルマのなかでアイデア活性化コンテンツとやらを使うことにしよう。

港町は大都市だ。ナセルさんの母校がある街でもある。ここに来ると学生の頃の感覚が戻ってくる。昔からある港近くのカフェに行って、小一時間ばかり好きな本でも読んでみようと思っている。その前に……という感じでキャンパス周辺やダウンタウンを用もなく走ってみる。

クルマは、これがアイデア創出支援の一環なのだろうか、車窓にみえる景色を時々ARの光の輪がマークアップする。建物や、お店や、あるいは他のクルマや道行く人に、さりげなく光の輪をかけて注目するよう誘ってくる。ちょっとした解説もテキストで加えてくる。

キャンパス近くでは、最近できたというパスタ屋さんがマークされた。シェフはミラノ帰りらしい。ミラノねぇ……とナセルさんは昔の旅行を思い出す。数十秒後、今度は古物商のお店がマークされた。昔の切手を扱っているらしい。そういえばオフィスに切手がたくさん余っているなぁ……と考える。そして次はダウンタウンにあるビルのワンフロアがマークされ、欧州系の保険会社のオフィスが入居したといってくる。そういえば同級生が勤めているな……と懐かしむ。繁華街では道行く人から子ども連れがマークされ、今日この街での子どもの割合は30%と表示される。子ども……ナセルさんは自分の生徒を思い出す。今度は周囲にある複数の高層ビルがマークされ、その階数がそれぞれのビルの上に表示される。ナセルさんは意味もなくその数字を足し合わせてみようと思ってしまう……。

そうこうしているうちにナセルさんはだんだんとぼーっとしてきて、そもそも自分はなんで塾をやっているんだっけと思い始めた。数字の足し算引き算を教えたかったからだろうか。古代から現代までの歴史を伝えたかったからだろうか。世界で活躍する人材を育てたかったからだろうか。そういえば最近行った経営セミナーで、事業のパーパスを大事にしろなんてことをいわれた気がする。その時はピンとこなかったけど、そういえば私のパーパスはなんだっただろうか……。

ふと、そうだ！　と思う。そういえばそうだったとナセルさんは思い始める。塾を始めた頃の自分の気持ちが蘇ってくる。わくわくした気持ちにもなってくる。私が塾をやっているのは……。まるで計ったようなそのタイミングで、もうすぐ目的地のカフェに着くことをクルマが伝えてきた。このクルマは私の気持ちをわかっているようねと、ダッシュボードをポンと叩く。カフェでは本を読むつもりだったが、やっぱり事業のことを考えよう。そう思いながら、ナセルさんはパソコンを片手にクルマを降りる。わくわくしながら、久しぶりに訪れるカフェのドアを開いた。

④　偶然の出会い

もちろん人によって程度の違いはあるだろうが、知識の幅を広げたい、新しいものの見方をしてみたい、いろいろな場所に友だちができたらステキだという思いは、グローバルに共通だと思われる。多くの人が連休には遠くに出かけようと思うのは、普段の暮らしとは違う何かに出会いたいという思いからだろう。何かというのはタイミングによるだろうが、おいしいものを食べたい、その地域独特の産品を買ってみたい、これまでの知り合いにはいないようなタイプの人と話してみたいなどがあると思われる。

そのためには、適切な範囲で案内があったほうがいい。あまりに偶然に頼りすぎては出会いの確率は低くなるだろう。一方であまりに案内が詳細すぎると、それはもう仕組まれたツアー旅行のようになってしまう。利用者本人の趣味は理解しつつも、最後は本人に決めさせる仕掛けが望ましい。クルマはアシスタントであり、あくまで判断に必要な情報をアシストする役に徹することが期待される。自分自身で「これをやりたい！」「ここに行ってみよう」と決めることが、その思い出の価値を高めることにつながるものと思われる。

そのためには、たとえば見知らぬ土地に出掛けた際、車窓にみえるさまざまな景色に解説を加えてくれるのがいいかもしれない。多くを解説しすぎると鬱陶しいので、適切な範囲に収めるのが求められるだろう。普段通っている道であれば新しくできた飲食店情報に限って紹介するとか、初めて通る道であればいろいろなお店の名前と特徴だけを紹介するとか、必要十分な情報量を模索する必要がある。もちろんお店の情報だけでなく、地域のイベントの情報、地域の歴史や伝承に関する情報、特産物に関する情報などが考えられる。情報というのは文章の読み上げだけでなく、インパクトのある音や匂いなどの可能性も想定される。「その場所を通った」という出来事をトリガーに、その人にその場所周辺での出会いを促すことが可能になる。泊まりがけの旅行や遠出でなくても、普段の行動範囲のなかで新たな出会いを促すことも可能だろう。

偶然の出会いを、場所との関連性を起点にある程度の必然性をもって促すようなコンテンツのユースケースとして、たとえば次のような事例を考えてみたい。

斎藤さん夫妻は久しぶりの温泉旅行だ。末っ子もこの春に独立し、肩の荷が下りてほっとしたような、寂しいような、夫婦２人だけの暮らしに戻って気恥ずかしいような、そんないろいろな気持ちを併せ持ちつつ、夫の幸夫さんが退職するまでのもうしばらくは気楽というわけにもいかないと思いつつ暮らしている。夫婦の関係はおそらくそんなに悪くないとお互いに思っていて、それぞれに期待していることは違うかもしれないものの、これから２人で楽しめることを新しく始めていきたいと考えている。妻の真理子さんは幸夫さんと一緒に料理ができるようになりたいと実は考え始めている。幸夫さんはテニスもいいかなと思っている。だがお互いまだそれを口にしたことはない。

今回の温泉旅行を提案したのは真理子さんのほうだった。テレビで特集されているのをみて、１泊でいいから行こうと誘ってみた。これまで遠出には積極的でなかった幸夫さんだが今回は「いいね」と即答された。夫にも何か心境の変化があるのかしらと真理子さんは思ったくらいだ。温泉宿に泊まること以外には特に予定はない気ままな小旅行だ。

温泉街が近づいてきて、道は次第に山道になる。峠を越えると少し盆地になるようだ。出会いを促すコンテンツをセットしておいたクルマが、ふと斎藤さん夫妻に語りかける。「この峠道は脇街道で、室町時代には高名なお坊さんもよく通った道なんですよ」という。なるほど昔から往来

図例4　地域の特徴を紹介する車載コンテンツイメージ

車載コンテンツなし

車載コンテンツあり

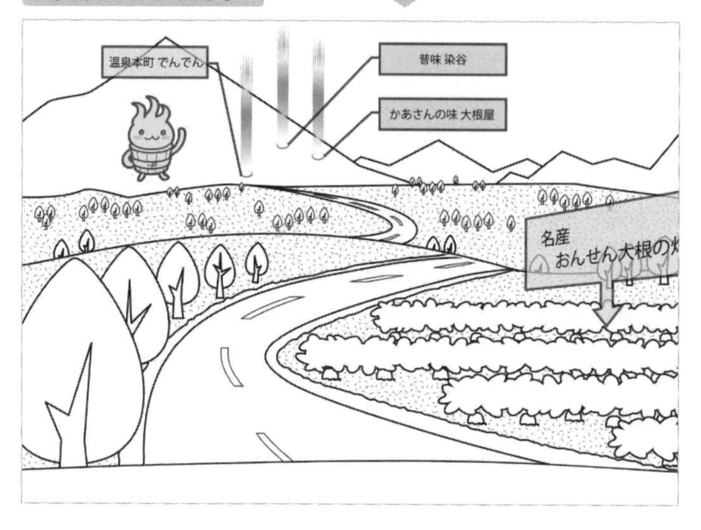

があったのかと思うと周囲の景色も特別になる。「次の信号を右に曲がるとその頃からあるお寺があります」と再びクルマが知らせてくる。ふと視線を向けると、森のなかに光の矢印とお寺のARが車窓に表示された。真理子さんは「帰りに寄ってみようかしら」といってみる。幸夫さんも「そうだね」と返してくる。

温泉街の向こうの青々とした山にゲレンデがみえてくる。「冬には多くのスキー客が訪れます」とクルマがいう。真理子さんが「昔はよくスキーしたわね」というと「バブルだったからなぁ」と幸夫さんがいう。2人とも、また今度来ようといおうかいうまいか迷いつつ、ここでは何もいわずに素通りしていく。

右手には農地が広がり、大根畑だとクルマがいう。真理子さんが「このあたりの大根料理ってどんなのがあるかしら」とつぶやくと、それをクルマが感知したのか、温泉街の方面にいくつか光の柱が立つ。それぞれが飲食店を指していて、その大根料理を紹介してくれた。どれも地域独特の味が楽しめるという。「つくり方が知りたいわ」というと、ビジターセンターにて今日の夕方に料理イベントをやるとクルマが教えてくれる。行ってみようと幸夫さんを誘うと、またしてもすんなり「いいよ」といってくれた。

クルマはそれを聞いているのかどうか、お土産物を紹介してくる。お決まりの商品のほかに、大根の漬物などの特産品が前方にARで表示される。また後で買ったらいいじゃないかという幸夫さんを横目に、真理子さんは忘れると嫌だからと、指先でいくつかを指し示すことで選択した。決済もその場で完了し明日には届けてくれる設定にする。これで帰ってからも大根料理を楽しむことができる。

夜、お宿での夕飯もすんだころ、幸夫さんが、あの大根料理、おれもつくれるかなと言い出した。真理子さんが夕方やっていたのをみて自分も料理をしてみたくなったらしい。それはいいわね。帰ったら一緒にやってみようといってみる。ついでに、冬にはスキーにまた来ようという話にもなる。スキーもいいけどテニスもどうかなと幸夫さんがいう。若い頃を思い出すわねと真理子さんも嬉しくなる。

帰り道では例のお寺に寄ろうかという話にもなった。でも、どうせまた来るからということで今回は見送ることにした。帰ったら大根の漬物が待っている。幸夫さんに料理も教えてあげなくちゃ。また半年後にはこの道を通るかしら。そんなことを考えながら、真理子さんは温泉街を振り返る。すると、温泉街のゆるキャラがまた来てねと手を振っていた。

以上のように本章では、移動目的の整理から始め、目的ごとに具体的なユースケースを検討した。まだ存在しないカテゴリの製品であるため、ユースケースだけをイメージすると雲をつかむようなストーリーになる。だがクルマは空間コンピュータになる蓋然性が高いということ、そもそもなぜ人は移動するのかという問い、移動する人の思いに寄り添ったコンテンツの方向性、このような順序で検討するとそこまで不思議な話ではないようにも思われる。

ポケベル全盛の時代、10年後の小型情報端末や20年後の小型情報端末を用いて実現されるサービスについてどのように検討されていたのか十分には把握していないが、1990年代にはきっと上記のような暗中模索の検討が一部で行われていたのではないだろうか。その帰結として、現在の私たちが当たり前に使っているスマホがある。このような議論を重ねていくことで今後のクルマの解像度が高められていくのではないかと思われる。

第6章

車載コンテンツが呼び込む新たなステイクホルダー

車載コンテンツによるメリット

前章では、次世代のクルマあるいは車載コンテンツのコンセプトとしてDUAL MOVEという表現を試みた。移動するのはなんらかの目的があって、たとえ目的地がない場合でもそれは同様で、移動装置であるクルマには、その目的を達成するための支援をすることが求められており、技術的にも可能になっているという第4章までの内容をふまえ、目的の達成を促すには、移動中に気持ちをMOVEさせることが望ましいという考え方だ。

気持ちをMOVEさせるというのは、やりすぎると気持ちの悪い話になる。もともとやりたいと思っていなかったことをやりたいと思うようになるとか、買いたいと思っていなかったものを買ってしまうなどということになれば、それは洗脳や過度の商業広告という類いのものになってしまう。「中央指令室」にビッグブラザーがいて社会をコントロールしているのではないかというディストピア的な様相も透けてみえるようにもなる。そこまでいかなくても、すでにインターネット広告で問題視されているように、特定の思想に繰り返し接するようになり、他者の考え方に不寛容になるというおそれもある。

車室内という閉ざされた空間での気持ちの変容を促す機能には、当然ながらこのような怖さもある。とはいえ、そもそも新しいジャンルの製品が出てくるときにリスクが懸念されるのはつきもので、行きつ戻りつしながら最適解を探索していくという姿勢が必要だろう。クルマを利用するときは必ず車載コンテンツを使わなければならないというわけではないだろうから、使うかどうかは利用者の裁量に任せればよい。それでも車載コンテンツの存在自体や、なんらかの特定のコンテンツに社会への悪影響があると認められるときにはその表現のしかたを規制するなどの対応がとられるようになるべきだろう。もちろん線引きはあいまいで、本書執筆時点にて現在進行形で起きている、ツイッターでの表現の自由をどう守るべきかというような論点は今後も繰り返し議論されるべきこととなる。社会全体として試行錯誤するなかで落としどころを見つけていくという柔軟さが必要だ。

車載コンテンツにはそういったリスクも内包していることをふまえつつ、とはいえ使い方によってはさまざまなメリットがある。前章では具体的なユースケースとして、4つのペルソナやカスタマージャーニーを想定してみた。以下では、もう少し俯瞰的に、このようなユースケースが普及することでだれにとって何が嬉しいのかという点を一般論として整理してみたい。だれにとってという主体を、1つめは利用者にとって、2つめは関連事業者にとって、3つめは社会全体にとってという視点で整理する。

①　利用者にとってのメリット

クルマの利用者は、車載コンテンツによって移動中の時間を充実したものに変えられるだろう。もちろん車載コンテンツがなければ全然楽しくないというわけではないと思うが、より密度の濃い時間になる。経済学の議論では移動の目的はあくまで目的地での活動であって、移動にかかる費用や時間はすべてコストとみなすという話を先述した。しかし、たとえば観光地での移動は効率化すればいいというものではない。観光施設まで最短時間で行くためにどうすべきかという議論は、たしかにそれはそれで効率的だが、何も脇目も振らずに観光施設に行くのも味気ない。むしろ、違う駅で降りてしまった、バスがなかなか来なくて空をぼーっとみていた、自転車を借りようと思っていたけどなかったのでぷらぷら歩いていこうなど、多少の困難があったほうが旅行の思い出も深まるというものだろう。

もちろんビジネスシーンなどそうもいっていられない場面は多々あり、その際は経済学での視点がより適合することになるだろうが、場合によっては多少時間が多くかかっても、移動の時間をどう過ごすかという観点のほうが大事なこともある。多忙な際にも移動中の時間を使って目的地での活動の準備をするというのはよくある話だ。書類での会議が当然だった2010年代までの時代、タクシーのなか、必死で書類のホチキス留めをした経験をもつ方も多いだろう。

目的地がどのようなものであれ、移動の目的が何であれ、利用者にとって、移動中の時間を豊かで価値あるものに変えられるというのが、車載コンテンツいちばんのメリットとなる。移動は単なるコストではなくなり、移動時間はむしろ長くなってもいいものになるかもしれないし、費用が少しくらい多くかかってもいいというものになるかもしれない。なぜなら遠回りすることでより目的地での成果を出せる可能性が高まったり、より旅の趣を感じることができたりするようになるからだ。

車載コンテンツによって新たな関心を呼び起こされるという点は特に重要だ。自動車に限らないが、電車でも飛行機でも、人間が周辺の環境を瞬時に認識できる以上の速度で移動する場合、周辺の景色は自分にとって何の意味もないただの背景になる。2010年代後半以降、日本だけでなく都市の中心部にてシェアサイクルが普及してきたことで、自転車で都心を走る機会が増え、これまで気づかなかった都市部の名所や、行ってみたいと思う飲食店の存在に気づくという話をよく聞く。時速10㎞程度の自転車であれば、周りの景色を理解し自分にとっての価値を見定めながら移動することができるからだろう。状況によっては、ちょっと自転車を停めて名所の説明板や飲食店のメニュー表をみることもできる。そうすることで、その場所は、ただの背景から自分にとって意味を見出すことができる場所に変わっていくし、それを繰り返すことで、その都市や地域への愛着が湧いていく。

クルマは、もちろん時速50㎞以上の高速で移動することもあるしそう簡単には停まれないかもしれないが、景色のなかにさまざまな情報を追加的に埋め込むことができるようになる。その情報というのは音声での案内かもしれないし、ARでのテキストデータや画像・映像かもしれない。もしかしたら匂いを醸し出すものかもしれない。いずれにせよ、景色に追加された情報が、ともすれば素通りするだけだった場所に関心を抱かせることができる。何か新しい物事への出会いというのは、一般論として嬉しいものだ。都市や地域に愛着をもてるようになるのは、大げさにいえば人生を豊かにするものだろう。このような出会いを、クルマは促すことができる。

② 関連事業者にとってのメリット

事業者目線でもさまざまなメリットがある。まず前提として、関連事業者は利用者に対して上記のような新たな価値を提供することになる。物理的なMOVEだけでなく、気持ちをMOVEするという価値だ。シンプルにいえば、新たな価値の大きさのぶんだけ収益として跳ね返ってくる。つまり、たとえばこれまで300万円で販売されていた自動車は、車載コンテンツが利用できるようになることで330万円で売れるようになるかもしれない。追加的な30万円が新たな価値として提供される大きさである。事業者にとってはパイの拡大となる。提供価値の拡張による事業規模の拡大が可能となる。

事業者のメリットはシンプルにいえば以上だが、しかし注意しなければならないのは、この追加的なパイは、そのまま既存の自動車業界のプレイヤーの売上げや利益になるわけではないという点だ。新たなパイをだれがどの程度獲得するのかという点において、これまでの自動車業界の枠組みを超えた競争になる。グローバルIT大手の参入意欲はすでに見え隠れしているし、受託生産を担うと宣言する、台湾の鴻海（ホンハイ）精密工業のような存在もある。追加的な売上げの元締めを担うのはだれか、お金の流れはどのような構造になるのか、巨大な経済ゲームが始まっている。自動車自体の価値は向上する一方で、その価値の源泉を既存の自動車関連企業が握るとは限らない。既存の自動車業界のプレイヤーからみれば機会と脅威の両方が存在し、業界外のプレイヤーを巻き込んだ競争になるという点で脅威という見方が強いかもしれない。

このような議論は、自動車全体ではなく、個別の車載コンポーネントという観点でも起きる。ここでいうコンポーネントとは、たとえば、車載コンテンツのポイントとしてあげた車窓ARを実現するためのディスプレイがあり、その他にも音響装置やシートなど五感を刺激するための各種装置があげられる。前提として、車載コンテンツの普及は、車載コンポーネントという製品そのものにとっては機会という側面が大きい。なぜならコンポーネントにはさらに高度な機能が求められるからであり、追加的な売上げの少なくとも一部はその高度化に向けられる。車載コンポーネントメーカーにとっては自社製品に新たな機能を追加し事業規模を拡大する好機といえる。

ただし、既存のメーカーにとって薔薇色の近未来というわけではない。なぜなら追加すべき新たな機能というのは、たとえば自社製品の機能をソフトウェアで高度に制御するなど、多くの場合はシステム的な知見を必要とするもので、それは必ずしも自社の既有資源だけでできるわけではなく、むしろ外部のプレイヤーからの支援が不可欠だったりするからだ。そうなると価値の源泉は外部プレイヤーにもっていかれることになり、車載コンポーネントという製品自体の価値は上がり売上げは拡大しても、コンポーネントメーカーの利益率は下がるという現象が起きるものであり、起き始めている。どのようなシステムが必要になるのか、どのような技術開発に投資すべきか、出資も含めてどのような外部企業と提携すべきか、コンポーネントメーカーにとって重要な事業判断、経営判断となる。

このように自動車という観点でも車載コンポーネントという観点でも、製品自体としての価値は向上する一方で、新たな価値によって発生する収益は奪い合いの様相になる。ゼロサムではなくプラスサムだが、プラスされたサムを自社の収益源とするべく、世界的な大手企業やテックベンチャーが、技術力、事業構築力、実現までの時間的な早さ・速さでしのぎを削る局面になるだろう。新たな産業構造の構築に向けた最初の動き出しが勝負となる。

以上がグローバル全体での現象だとすると、一方でローカルな視点では、最初はもう少し穏やかな試行錯誤から始まり、そして次第に競争軸がみえてくるという現象になりそうだ。というのは、車載コンテンツが普及することで、人々が移動することに伴う事業機会を、これまで自動車産業に関係の薄かった、ローカルな場を運営するプレイヤーが得ることになる。ローカルというのは、大都市ではなく地方という意味も含み、大企業が運営する大規模施設だけではなく個人経営の店舗という意味も含む。あるいは施設ではなく地域全体という意味も含む。いずれにせよ人々が移動の目的地にするような場であり、このような場を運営するプレイヤーにとっては、車載コンテンツによって自分の施設や地域の魅力を発信する機会を得ることになる。

なぜなら、クルマには車外の環境に応じてコンテンツを提供する機能や、乗車している人の嗜好や状態に応じてコンテンツを制御する機能が搭載されるからだ。なんらかの施設や地域の近くを通るときなどに関連する情報を提供することが可能になる。最も商業的な使い方を極端な例としてあげると、いずれかのコンビニチェーンの店舗前を通るたびにそのチェーンでの商品を紹介するという用途があるだろう。もし匂いが制御できるなら、商品を喚起させる香りを出してもよい。何度も連呼されて匂いを嗅いでいるうちに、思わずどこかのタイミングで買ってしまうというのはありうる。もちろんこれは極端な例で、さすがにここまで商業的だと利用者がコンテンツをOFFにする可能性が高いが、嫌らしくない範囲で情報を提供するというコンテンツはありうるだろう。おそらく最初のうちは試行錯誤が続き、一部にはやりすぎとなる行為も散見されつつ、次第に場を運営するプレイヤー側にもノウハウが蓄積されていき、利用者に煙たがられずに楽しませるコンテンツ提供のノウハウ力という競争軸が出現してくる。

このようなノウハウは、場を運営するプレイヤーではなく、コンテンツ制作主体に蓄積されるのかもしれない。コンテンツ制作者とは、最終的には個人という話になるかもしれないが、たとえば映像制作会社やゲーム制作会社、あるいは広告代理店など、既存の各種コンテンツ制作会社が大手として想定される。このようなプレイヤーにとって、クルマは新たなメディアとしてとらえるようになるだろう。

コンテンツ事業者としては、場を運営するプレイヤーから依頼を受けてコンテンツを制作する以外にも、もっと純粋に、既有のIPを用いて利用者を楽しませることが可能となる。たとえば「ガンダム」「ドラゴンクエスト」「ドラえもん」などのキャラクターが、クルマの周りにいて一緒に移動しているような移動体験の創出が可能だ。歌舞伎役者が高速道路という舞台で見得を切るなどもあるだろう。それは同乗者との仲を深めるためかもしれないし、インスピレーションを得るためかもしれない。いずれにせよ、魅力的なコンテンツをもつ事業者は、車載コンテンツ市場の登場によって新たな事業機会を得る。

以上のような関連事業者のメリットがどのような構造のもとで創出されるのか、グローバルでの産業構造の変化については本章の２にて、ローカルでの新たな可能性については３にてあらためて整理することにしたい。

③　社会全体にとってのメリット

その前に、マクロな観点から社会全体にとってのメリットについて触れたい。車載コンテンツが一般に用いられるようになり、車載コンテンツ市場が新たに形成されるようになれば、これは健全な経済成長のモデルケースとなる。というのは、従来はいわば無駄にしていた移動時間を充実させるためのサービスが登場することで、利用者はその価値を享受し、生活の質が上がり、喜んで追加的な費用を負担する。

もちろんその利用者は一時的に貯蓄を減らすことになるかもしれないが、追加的に支払われた費用は車載コンテンツを実現するためのクルマ、コンポーネント、システム、コンテンツなどを提供する事業者に供給される。先述のとおりその売上げや利益の獲得競争が業界の枠を超えて起きるわけだが、巨視的にみれば新たな市場に追加的な資金が投じられるという構造であり、その資金は、従来の自動車には搭載されていなかったコンポーネントなどの設備投資に向けられたり、システムやコンテンツ制作のための体制づくりに向けられることになる。ソフトウェア領域を中心に雇用を創出し、関連スキルをもつエンジニアの賃金上昇にもつながる。賃金上昇が社会全体に波及することで、平均所得も上がる。

このような資金循環が起きることで、車載コンテンツ市場が形成される国や地域での経済規模を拡大させることになる。利用者が自分自身の便益のために喜んで支払うお金が、新たな産業を成長させ、世の中全体のパイを拡大させるという経済成長を実現できる。

その経済規模は、少なく見積もってソフトウェアで１兆円以上、ハードウェアで10兆円以上だろう。スマホアプリの市場規模は、ゲームだけで年間で10兆円以上とされる。クルマにてスマホゲームの10分の１程度でも利用されれば１兆円となる。また ハードウェアとしての自動車は世界のGDPの４％弱を占める巨大産業で、その市場規模は300兆円以上であり、仮に車載コンテンツを搭載するために３％程度の追加的なコンポーネントが必要になると想定するだけでも10兆円規模の拡大になる。

ミクロからの積み上げで考えても、先述の日本総研の実証でも触れたように、利用者１人当り月々1,000円程度のコンテンツ利用料や、自動車購入時に20〜30万円高くなることを許容する可能性が高い。自動車の走行台数はグローバルで15億台以上であり、その１割の1.5億台に乗る人が車載コンテンツの利用者になると仮定すると、やはりコンテンツ利用料として年間１兆円以上、ハードウェアとしては数十兆円規模と見込まれる。

もちろんこれらの数字は、まだみえない市場の規模なので、数字自体の議論にあまり意味はない。さらに大きくなる可能性は十分にありうる。とはいえ、１兆円や10兆円規模の経済圏が車載コンテンツ市場として新たに形成されることになり、それは利用者が喜んで費用を負担するものであって、関連産業が育成されるとの想定が可能であり、その恩恵は市場が形成される国や地域全体に波及するものとなる。国や地域の運営という観点からは、このような成長の果実を自国経済に取り込めるかという競争が起きるだろう。また、市場規模としては１兆円や10兆円でも、300兆円規模の自動車産業の方向性を握る市場となれば、国や地域への影響力はより甚大となる。社会全体として、車載コンテンツ市場の確立と普及に向けた戦略の構築が求められている。

2 グローバルでの新たな産業構造

ここからは、自動車産業のグローバルでの変化について検討したい。自動車産業は、特に日本ではピラミッド型の構造だ。頂点に自動車メーカーがあり、総合部品メーカーなどのTier1企業、さらにはそのサプライヤーであるTier2企業が続き、その周辺にはTier3以下のさまざまな事業者が連なっている。裾野には町工場のような小規模優良企業が数多く存在している。

どんな製品をどのタイミングでどの程度つくるかについて、自動車メーカーが企画しデザインする。従来の常識では新たなコンセプトの新製品は5～6年かけて準備されるもので、その検討プロセスのノウハウが自動車メーカーには蓄積されており、それが競争力の源泉であったとされる。基本的には売切り型で、利用者は自動車購入時に一括で代金を支払ったりローンを組んだりする。

だがこのような構造は、自動車DXによってがらりと変わらざるをえない。特に車載コンテンツ関連のエコシステムは、自動車メーカーを中心とするメーカー各社にとって価値の源泉を奪われる脅威となる。現在の産業構造を前提とするトップメーカーを多数抱える日本社会にとって、自動車の産業構造の変化は社会全体の関心事とすべきようにも思われる。車載コンテンツ市場の登場による変化の方向性として、ロングテール化、プラットフォーム化、スマイルカーブ化というカタカナ語３つでまとめてみたい。

①　サードパーティによるロングテール化

自動車には多数のソフトウェアがすでに搭載されているし、今後さらに増えていく。情報系システムに限らず駆動系システムでも同様だが、車載装置の制御を担うシステムはグローバルにみて少数の種類のシステムが活用される可能性が高い。

たとえば音響制御システムであればドルビー、音声認識システムであればセレンスやアイフライテックのように、高度なシステムをもつ事業者が多くのシェアをもつようになる。なぜなら、どのブランドのクルマも車載機器制御に求める機能はおおむね共通であり、その高度な機能を提供できる情報技術をもつプレイヤーはグローバルでの競争を経て少数に絞られるのがセオリーだからだ。音響制御や音声認識だけでなく、多くの情報系システム、たとえば映像制御やジェスチャー認識、ハプティクスなども同様だろう。おそらく各自動車ブランドが引き続き制作する車載OSのうえに、これらの優良システムが搭載されることになる。

車載コンテンツは、車載OS層や機器制御システム層のさらに上に構築される。さまざまな機器を動かして利用者にコンテンツを届けるという構造だからであり、土台となる車載OSや機器制御システムがあっての車載コンテンツとなる。もちろんハードウェアとしてのECUや各種HMI機器、センサ類も必要となる。

機器制御システムが少数のプレイヤーによって自動車メーカーに提供されるのと違い、その上の車載コンテンツは多数のプレイヤーが制作するものになる。なぜなら魅力的な車載コンテンツを、自動車メーカー自身がすべて制作するのは現実的ではない。たしかに自動車メーカーには多くのエンドユーザー分析の結果が蓄積されているが、それらはあくまで自動車の設計や製造に必要なデータであって、移動体験の価値を上げるにはより多くの視点が必要になる。たとえば映像や音楽、アニメ、ゲームなど従来型のコンテンツの魅力や、飲食店や娯楽施設、商業施設など場所の魅力を活用することが不可欠だ。

つまり車載コンテンツの層には、数多くのサードパーティが参画する。一部のコンテンツは人気となり多くの人が使う一方、一部のコンテンツは特定の嗜好をもつ人にだけ使われるようになる。一部は無償で幅広く提供され、一部は高いコンテンツ使用料を負担してでも使いたいと思う特定のターゲットに提供されるものになる。可能性としては、一般の個人が、自分や家族のためだけにつくって使うということもあるだろう。

車載OSという土台は自動車メーカー自身や一部のIT企業が制作し、その上の機器制御システムは寡占状態になる一方、コンテンツ層はどんどん広がっていく、煙突のような構造だ。車載OSが工場で、機器制御システムが煙突で、そこから煙のようにどこまでも広がるように車載コンテンツが登場する。煙は時間を追うごとに広がっていき、なかには消えてしまうものも多々あるだろうが、工場や煙突がある限りもくもくと出てくるものになる。それが、多くの利用者の移動体験の価値を高めることにつながる。

コンテンツ層はロングテール化する。これは、従来の自動車産業の常識からは考えにくいことだ。これまで自動車に搭載される機器やシステムは、自動車メーカーのお眼鏡に適ったものだけというのが常識であり、無数のプレイヤーが載ってくるというのは非常識そのものだった。しかし車載コンテンツの魅力が移動の体験価値を高め、そのためには多くのプレイヤーがコンテンツを提供することが望ましいと考えると、ロングテール化は避けられない構造となる。むしろその変化を率先して受け

図表6－1　車載コンテンツの煙突モデル

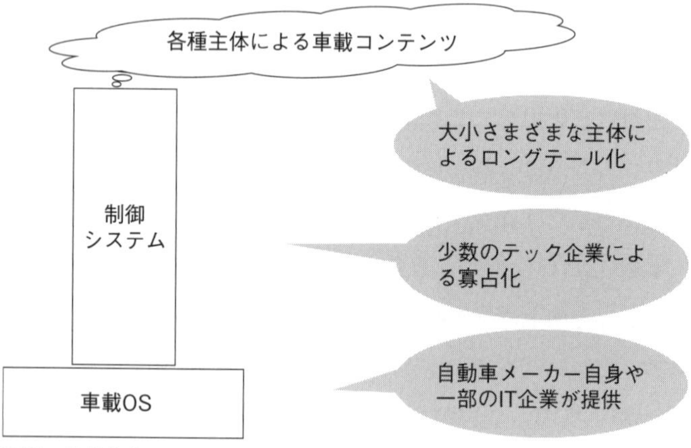

各種主体による車載コンテンツ
制御システム
車載OS
大小さまざまな主体によるロングテール化
少数のテック企業による寡占化
自動車メーカー自身や一部のIT企業が提供

出所：筆者作成

入れる自動車ブランドが中長期的には強くなる。

② 基盤システムによるプラットフォーム化

車載コンテンツがロングテール化すると、それらを管理する仕組みが必要になる。管理する仕組みというのは車載コンテンツの基盤となるシステムであり、基盤システムに求められるのは、第一に、コンテンツ制作者に対してコンテンツの開発環境を提供する機能だ。コンテンツをつくる人が、車載機器の制御のためにゼロからコードを書いていては効率が悪くまず不可能だし、その状態ではだれもコンテンツを制作しようと思わない。しかしよく使われるコマンドを定型化しプログラムを容易にしたり、制作したプログラムをテストできる環境を用意したりすることができれば、一定のスキルをもつプレイヤーがコンテンツビジネスに参入しようとするだろう。

第二に、車載OSなどとのつなぎ込みだ。車載機器の制御システムを理解したうえで、それらを総合的に制御するシステムとすることが求められる。現時点の自動車のコンピューティングパワーでできることは限られるが、ECUの統合とあわせてCPU/GPUの高性能化が進む。基盤システムは、車載OSや機器管理システムと車載コンテンツの間に入り、クルマのミドルウェアとして機能するようになる。

第三に、課金や決済のシステムだ。車載コンテンツは、それが事業として持続可能なものになってはじめて多くのプレイヤーが参画してくる。コンテンツを1回使うごとに利用者に直接課金してもいいだろうし、有償でダウンロードすれば半永久的に使えるようにしてもいい。あるいは利用者には無償でいくらでも使ってもらい、広告料などで資金が回るモデルにしてもいい。対象のクルマが自家用車ではなくバスなどの商用車であれば、その運行会社からフィーをとってもいい。いずれにしても、車載コンテンツによって課金する仕組みが求められる。また、コンテンツを通じてモノやサービスの売買がされるのであればその決済機能が求められる。

第四に、公序良俗に反するものを規制する機能だ。どの程度規制すべきかについては今後さまざまな議論が出てくるだろうが、過度な表現は自粛すべきという方向で進むことになるだろう。子どももみる可能性が高い、家族でみる可能性が高い環境で、暴力的、差別的、性的な表現は慎むべきとの声はどのような地域でも聞かれることになるだろう。基盤システムには、このような反社会的な表現に一定の規制を掛ける役割が望まれる。

第五に、サイバーセキュリティの確保だ。これは車載コンテンツ市場が確立されるための大前提となるだろう。数多くのサードパーティがさまざまなコンテンツを制作し車載システムのうえで動作させようとするときに、そのコンテンツが駆動系の車載システムに対して万が一にも悪影響を与えないよう担保する機能が基盤システムには求められる。

しかし以上のような特徴をもつシステムを、各種自動車ブランドがそれぞれ構築するのは現実的ではない。なぜなら、第一の特徴であるサードパーティに提供するコンテンツの開発環境は、幅広いクルマで使えてこそ意味があるからだ。極端な話、世界で10台にしか提供できないのであれば、そのようなコンテンツ開発にコストをかける制作者はおそらくいない。コンテンツ制作者からみれば、ある開発環境で制作すれば、世界中のできるだけ多くのクルマに搭載できるという環境が望ましい。

類似の産業はやはりスマホや家庭用ゲーム機だ。スマホでいえばAppleやGoogle、家庭用ゲーム機でいえば任天堂やソニー、Microsoftの提供するシステムが、クルマでいう基盤システムになる。つまり基盤システムは、このような類似産業の事例からみても、グローバルで10も20も存在するものではなく、少なければ２～３つ、多くても５～６つに集約されるとみるのが自然だろう。

翻って自動車産業は、最大手のトヨタやVWグループであっても、自動車全体のシェアでいえば10％強となる。トヨタブランドのクルマのためだけにコンテンツを制作するというのは、悪くはないがベストではないというのがコンテンツ制作側の本音になるのではないだろうか。複数のブランド、できるだけ多数のブランドのクルマに提供できる基盤システムが求められるようになる。

つまり基盤システムは、複数の自動車ブランド、多数のコンテンツ制作者に対するプラットフォームとしての役割を担う。今後は自律的なWeb3.0の時代といわれるなか、従来のスマホなどのプラットフォーマーと同様のビジネスモデルになるかど

図表6－2　基盤システムによるプラットフォーム化

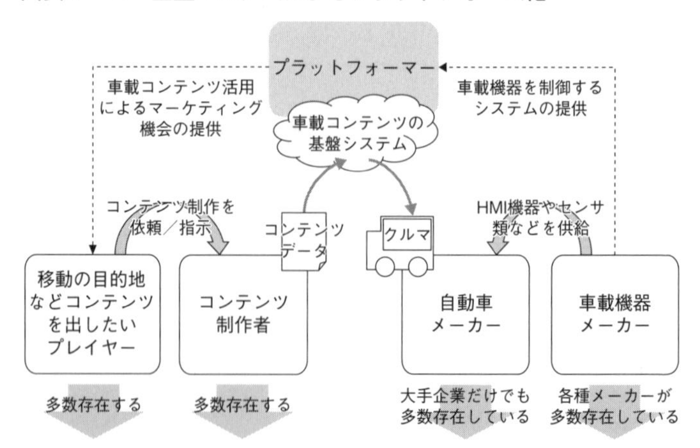

出所：筆者作成

うかはまだわからないが、プラットフォーマーの登場は自動車産業を革命的に変える。エンドユーザーの実態を最もよく理解しているという自動車メーカーの役割は、コンテンツ制作者を束ねる基盤システムの運営事業者に取って代わられるかもしれない。もし車載コンテンツが最も活きる車室内空間が求められるとしたら、クルマをデザインする役割は基盤システムの運営事業者が担うことになるかもしれない。

では基盤システムを構築し運営する主体はだれかという点は、技術的な問題よりも、エコシステムを構築するのはだれかという問題になるだろう。基盤システムは多数のプレイヤーとの連携が必要だ。車体や車載機器のメーカーだけでなく、車載コンテンツ市場は、コンテンツを実際に制作するクリエイターはもちろん、コンテンツを準備して自社の事業機会を高めようとする商業施設、飲食店、観光事業者、自治体など多数のローカルなプレイヤーがかかわるエコシステムとなる。このようなエコシステムを構築できるプレイヤーが車載コンテンツ市場のプラットフォームを握ることになる。

基盤システムを構築するのは、まずは大手IT企業という可能性が考えられるだろう。具体的にはAppleやHuaweiなど米中の企業が想定される。このようなプレイヤーは制御システムを構築できるのはもちろんだが、業界の垣根を越えたエコシステムの形成に長けており、一気に自社の経済圏を築き、自動車メーカーはそのエコシステムのなかで生きるというポジションに押し込まれる可能性が想定される。

一方で自動車メーカー自身がプラットフォーマーになるという可能性ももちろんある。なぜなら車載機器などハードウェアとのつなぎ込みは長年蓄積してきた強みであり、この強みを活かすことができれば他業界からの侵出を阻むことができる。ただし自社ブランドのみに閉じた市場ではなく、競合ブランドを巻き込んだ開放型のシステムを構築することが課題となる。前例は多くないが、当初から複数のメーカーが共同で基盤システムを構築するという選択肢もある。同時に、コンテンツ制作者やローカルな場の運営者など、これまで関係の薄かったプレイヤーとの新たな関係を構築する必要があり、これは従来の自動車メーカーにはない能力が求められる。しかしこれらの課題をクリアできれば、グローバル大手の自動車メーカーが車載コンテンツ市場でも司令塔の役割を担い続けるのは不可能ではないだろう。

あるいは、基盤システムのコア技術をもつベンチャー企業が新たな市場の中心に座るという可能性もある。現時点で自動車に搭載されているシステムだけで車載コンテンツ市場が広がるわけではなく、たとえば車窓ARを制御するシステムなど、爆発的普及の契機となる技術の開発が待たれる。このような技術をもつテックベンチャーが、大手企業間の競争の合間を縫うように大掛かりなエコシステムを構築することができれば、そのベンチャー企業を中心とする経済圏ができるかもしれない。もちろん、いずれかのタイミングでそのようなテックベンチャーをIT大手や自動車メーカー大手が買収するというシナリオもあり、この先さまざまな展開が想定される。

③　自動車関連産業のスマイルカーブ化

基盤システムをだれが構築するにせよ、車載コンテンツ市場の形成によって、自動車の価値の源泉が少しずつ広がっていく。従来は完成品を頂点とするピラミッド型だった自動車産業で、システムやコンテンツが重要になり、同時に車室内空間の高度化を担う個別のコンポーネントが重要になる。完成品である自動車からみて、サプライチェーン上の川上と川下の価値が上がるという構造になる。さまざまな業界で起きてきたスマイルカーブ化が自動車領域でも起きる。

コンテンツやその基盤システムが価値の源泉を握るというの

図表6－3　自動車産業のスマイルカーブ化

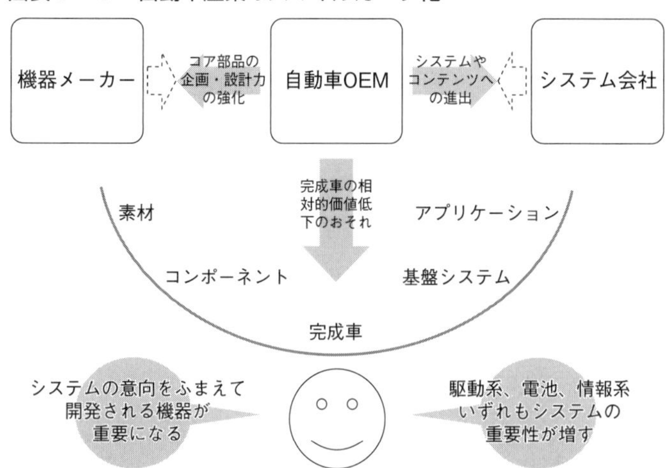

出所：筆者作成

は完成品の価値の希薄化の典型であり、これは自動運転システムに関しても同様といえる。大手IT企業はこのような構造変化を見据えている。もちろんまだそうはなっていないが、仮に、自動運転システムはすべてGoogle系が、車載コンテンツの基盤システムはすべてAppleが提供し、機器制御システムは少数の専業企業が提供するということになれば、自動車メーカーの利益率はどんどん下がる。このせめぎ合いが今後さらに激化する。

川上側のコンポーネントにとって、このような構造変化は機会にもなる。クルマそのものよりも、個別のコンポーネントの重要性が増すからだ。車室内空間高度化のロードマップを自社自身で描くことができれば、その変化にあわせて製品開発を進めていくことでシェアも利益率も拡大させることができるかもしれない。もちろん事はそう簡単ではなく、システム側の都合で自社製品の仕様が決められてしまうかもしれないし、そもそも自動車メーカーに先駆けてロードマップを描くのは現実的ではないとの声も聞く。しかし、自動車メーカーが１社単独で10年先までの見通しをもつことが困難となりつつあるなか、自社ならではの将来像から逆算しての製品企画が可能な状況となっており、それを好機とするプレイヤーの存在感が高まることになるだろう。

このように、川上と川下両方からのプレッシャーを完成品である自動車は受ける。では自動車メーカーの先行きは暗澹たるものかというと必ずしもそうではなく、完成品は製品としての価値はたしかに相対的に下がるかもしれないものの、川下のシステムや川上のコンポーネントにおいても、自動車メーカー自身が一定の役割を担う構えをみせつつある。自動車メーカーは、完成品をデザインし生産するという役割だけでなく、その制御システムやコンポーネントの設計、場合によっては製作にもかかわるというかたちになるかもしれない。そうなれば、スマイルカーブ化をむしろ自動車メーカーは好機とすることができる。もちろんすべての自動車メーカーがそうなるわけではなく、好機としてとらえることができるのは一部にとどまるかもしれないし、そうではないメーカーはIT企業のエコシステム圏内で生きるという存在になるかもしれない。

このようにグローバルでみたときに、自動車メーカー同士の競争が起き優勝劣敗が進み、IT企業やテックベンチャー、さらにはコンテンツ制作者などサードパーティの参入をどのように受け入れるかという課題が生じる。プラットフォーマーとなるプレイヤーが現れ、市場構造を一変させてしまうかもしれない。そのような変化が、近未来の自動車関連産業に起きると考えられる。

3 ローカルでの場所としてのかかわり方

ここからは、自動車産業へのローカルなプレイヤーの新たなかかわり方について検討したい。自動車産業は、特に乗用車に関しては、これまではいわば自己完結型の産業だった。もちろんこれは相対的な問題で、整備やメンテナンス、ディーラー事業などは地域経済に貢献しているし、だからこそ裾野が広いという言い方ができる。一方で同じ移動手段である電車やバスは、その運行会社は地域主体であったり、自治体がかかわっていたり、その車内では地域の情報が紹介されていたりする。

従来の自己完結型の構造は、車載コンテンツ市場の登場によって徐々に変わる。最終的には地域のさまざまな主体が、乗用車も含めてクルマの運行にかかわるようになるだろう。もしかしたら地域によって、クルマに乗るのが楽しいとか楽しくないとかいった違いが生まれるかもしれない。なぜなら車載コンテンツは、ローカルな情報をそれぞれのクルマの車室内に提供する絶好の機会になるからだ。なんらかの場所や地域の魅力を発信し、誘客につなげるために車載コンテンツを提供することになる。

ローカルな経済や社会への貢献という観点から、あらためていくつかの具体例を簡単に整理してみたい。まずは地域全体の紹介という使い方がありうる。市境や県境を越えたタイミングで、その地域の歴史や名産品を紹介するというイメージだ。人口や域内GDPなど無味乾燥な数字の情報を紹介されてもあまりおもしろくないだろうが、歴史的著名人を輩出したいわれや名産品のストーリーなどを、ARも含めた映像や音声で簡潔に紹介できたら関心を惹くことができるだろう。クルマで高速道路を走ればさまざまな自治体を通過していくわけだが、それぞれの地域が自分たちの魅力を発信してきたら、代わり映えのしない高速道路の風景もおもしろくみることができるだろう。

上記が域外の利用者に向けた使い方だとすれば、域内の住民にはもっとディープな情報のほうが喜ばれるだろう。お祭りや花火大会など地域をあげての行事はもちろん、町内会や有志の会による小規模なイベントなども知らせてあげることができる。もちろん、市報や町内会紙でも同様の情報提供は可能だが、残念ながらこれらのメディアの購読率は高くない。車載コンテンツの場合は場所に紐づけて、タイミングを見計らってクルマに乗っている人に伝えることができる。車載コンテンツは

図例5　地域の歴史が紹介されるARイメージ

車載コンテンツなし

車載コンテンツあり

図例6　地域の店舗の情報が提供されるARイメージ

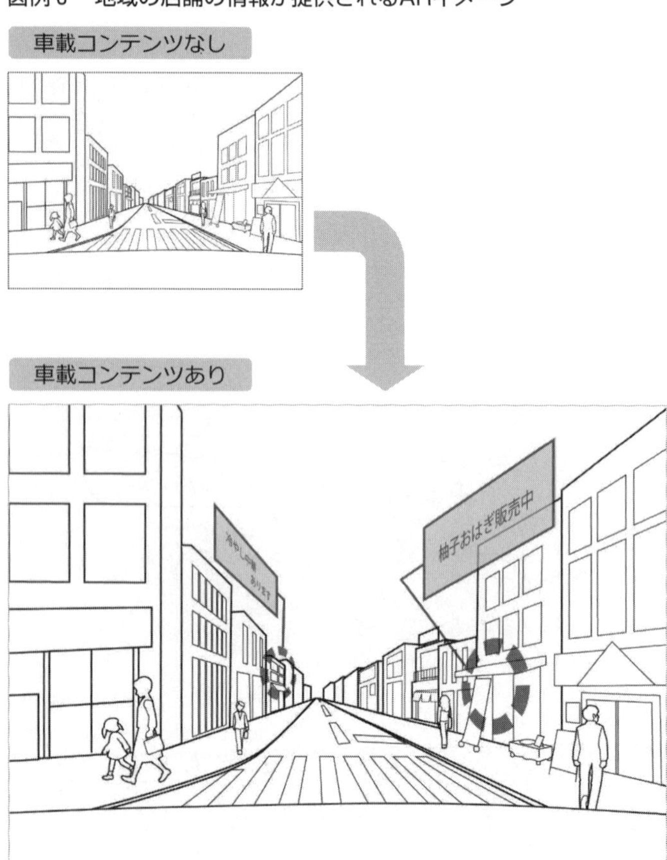

自分から情報をとりにいくものではなく、移動中の車室内にて受動的にみたり聞いたりするものになるので、あえて自分から検索するようなイベントでなくても関心をもってもらうことができるかもしれない。

同様に、商業的な広告も社会的意義をもちうる。飲食店や小売店舗の宣伝は基本的にはプロモーション業務として各事業者の責任で行うものだが、それらを取りまとめることで地域全体の活性化につながる。その車載コンテンツを利用するかどうかは常に利用者自身の判断にかかっているので、使おうと思った利用者には遠慮なく情報提供してよい。もちろん使いたいと思われるように趣向を凝らす必要はあるが、たとえば地域の和菓子屋さんが季節限定の商品を出しているとか、中華料理屋さんが新メニューを出したとか、雑貨屋さんが北欧の小物を仕入れてきたとか、ちょっとした地域の出来事をまとめることで愉快なものになるかもしれない。

飲食店や小売店舗だけでなく、ローカルな事業者と住民のつながりを太くする用途にも使える。たとえば農業でいえば、どの農地でどんな作物を栽培しているとか、その農産物をどのタイミングでどの小売店で売っているなどの情報だ。農地の脇を通った時にそんな情報が出てきたら、その農地をみる目も変わってくるだろう。あるいは町工場がどんな製品をつくっているか、周辺の住民は意外と知らないことも多い。ずっと同じ情報では飽きられてしまうだろうが、製品や技術などをその会社の社長が５秒で紹介してくれたらおもしろいかもしれない。直接的な売上げや利益にはつながらないものの、社会的な紐帯を強くすることができる。

車載コンテンツの効用に関する認識が地域で共有されてきたら、クルマを用いたイベントを打つこともできる。車載コンテンツによって域外の観光客を呼び込むという使い方だ。たとえば特定の日程を決めておいて、その期間中にクルマでその地域に来てくれたら特別なコンテンツが体験できるというものだ。おそらく、著名なゲームやアニメ、映画などにゆかりのある地域は多くの来訪者が見込まれる。ヒットしたアニメの世界感に浸れたりするコンテンツはファンに受けるだろう。地域の歴史資源を用いてもよい。スタンプラリーのように地域内の何カ所かを回ってもらい、もしかしたらそれは季節を変えて何回か実施することにしておいて、コンプリートするとすごいラストコンテンツが登場するということにすれば、繰り返しファンが来訪してくれるようになるかもしれない。自治体や観光協会などがイベントを主催し、都市部などのターゲットに向けてクルマで来訪するように促す。宿泊を伴うようなかたちにすれば、一定規模の経済効果が見込まれるだろう。

観光という観点からは、もともと観光地である地域との相性はよい。なぜなら、観光に来てくれる来訪者に、来る時には地域内の観光スポットの紹介をするなどしてわくわく感を高めてもらい、帰る時には後ろ髪を引いて「また来たい」という気持ちになってもらうことができるからだ。その際には割引券などのクーポンを付けてもいいし、秘密のパスワードを伝えておいてそれをいえば特別なメニューが楽しめるという仕掛けをしてもよい。車室内というプライベートな空間に対してダイレクトに働きかけることで、観光の楽しみの幅を広げてもらうことができるだろう。その地域独特の車載コンテンツを制作して、来訪者に対して使ってもらうという働きかけをすることになる。スマートツーリズムの文脈で、来訪者のセグメントごとに提供するコンテンツを変えるのも喜ばれるだろう。

以上のように、車載コンテンツが普及するとローカルな事業にさまざまなチャンスが湧き出てくる。地域の魅力を高め、地域の紐帯を強化し、地域に経済効果をもたらすものだ。ここで紹介したのは机上での検討なので、実際のクルマの進化にあわせての試行錯誤が必要だ。特に車載コンテンツの制作コストをふまえて、費用対効果を考えることも当然必要だ。

社会実装に向けて、関連するプレイヤーにいくつか提案を差し上げたい。まず、地域全体としてのチャレンジが望まれるという点だ。一つひとつの情報の魅力度は十分でなくても、まとめることで興味深いものになる。地域内の情報をまとめる役割が求められるようになり、それはおそらく自治体や観光協会のような公共的な主体が有望だろう。自治体などが旗振り役として地域内の情報を集め、一定のフォーマットを用いて住民や来訪者に対して情報提供を行う。おそらくコンテンツ制作に関してのノウハウが自治体にあるわけではないため、外部のコンテンツ制作会社をうまく使いこなすことが必要になるだろう。

ローカルな事業者の情報を集めるという意味では、地域金融機関や商工会議所などが進めるという手もある。地域の隅々までネットワークをもつ金融機関などであれば、顧客である事業者のちょっとした変化をいちはやくキャッチしてくることができるだろう。金融機関が事業者の動きをまとめて、それを一般の利用者が興味をもつようなかたちに加工し車載コンテンツとして提供することができたら、その地域をクルマで走るのが楽しくなるかもしれない。融資や事業支援といった業務のほかに、地域情報のハブ機能を担い、それを広く住民等に伝えるという役割が検討できる。

次に、最適な情報提供の方法を模索することが望まれるという点だ。クルマでの車載コンテンツというのはまだまだ今後伸びる市場なので、何をどうしたら魅力的になるのかまだ十分にはわからない。スマホが登場する前に、スマホアプリのノウハウがわからなかったのと同様だ。情報の種類、情報を出すタイミング、ARがいいのか音声だけがいいのかなどの情報提供の手段などは、実際にやってみないとわからないことが多い。最初のうちはまったく効果がみえなかったり、逆効果になってしまったりすることもあるかもしれない。それでも何度も実証してみるなかで、良い方法が見出されてくるものと思われる。試行錯誤を繰り返した地域が勝機を見出すということになるだろう。

その際、特に情報の鮮度は重要だ。毎日同じ道を通る周辺の住民が、その道を通るたびに同じことをいわれていたら嫌になる。一度みせたり聞かせたりした情報は、少なくともその後1

カ月は伝えないなど運用面の工夫が必要だろう。それとともに、興味を惹く情報が定期的に更新されるような情報収集の仕組みも必要だ。なんらかのフォーマットを用意して、地域内の事業者が自主的に更新できるなどの工夫があったほうがよいかもしれない。

最後に、地域間の競争と共創のバランスが望まれるという点だ。どうしたら都市部などの観光客を呼び込めるかなどは、地域間での競争となる。そのために試行錯誤を繰り返すことが必要なわけだが、一方で成功したやり方については、特定の地域にそのノウハウが限定されることなく、他の地域にも展開されることが望ましい。少なくとも当面は市場の黎明期としてさまざまな失敗も想定されるからであり、最初のうちはベストプラクティスが共有されることで市場全体の発展を促すものになる。地域間で競争しつつも、好事例は共有できる仕掛けが求められる。

本章では、車載コンテンツの社会的な価値と、グローバル、ローカルでの変化について整理した。新たな市場が立ち上がることで、グローバル規模では自動車メーカー、IT企業などによる業界の垣根を越えた競争が起きる。車載コンテンツの基盤システムは新たな市場のプラットフォームとなり、価値の源泉の奪い合いが起きる。一方でローカルでは、地域全体の価値を高めるべく地域内のプレイヤーが協力し合う関係が望まれる。このような変化が起きることで、自動車は新たな社会価値を生み出す産業として、さらに社会での役割を大きくしていくと考えられる。

第7章

自動車産業の構造変化とこれからの機会・脅威

ハードウェアとしてのクルマの変化

本書はここまで、今後確実に起きる自動車DXのうち特に車載コンテンツ市場の登場による変化の方向性や可能性を追いかけてきた。工業製品がインターネットに接続されることで起きる変化をDXと呼び、それは製品の利用価値が変わり、製品構造が変わり、産業構造が変わることだと定義した。第5章以降では、車載コンテンツ活用によるメリットを、利用者や地域などいくつかの切り口で叙述してみた。最終章である本章ではあらためて、自動車DXの3つの変化について整理したい。

まずは製品構造の変化について検討したい。自動車の歴史を振り返ると、当初はさまざまな試みがなされていたことに気づく。近年はEVが普及し始めたことで、そもそも自動車が登場した初期はエンジンよりも電池とモーターで動く車両のほうが有望であったという話も再認識され始めた。多くの試行錯誤があった100年以上前の黎明期だが、おそらく方向性を大きく決めたのは、1908年の米国企業・フォードによる「T型フォード(Ford Model T)」の量産であった。「ある程度の収入があればだれもが購入できる」製品として、米国のモータリゼーションを決定づけた製品だった。

実は初期のT型フォードにはいくつかの車室タイプがある。主力製品となったのは写真13の上側2つであり、これらのタイプが売れたからこそその後の自動車はこのような形状になって

写真13　初期のＴ型フォード

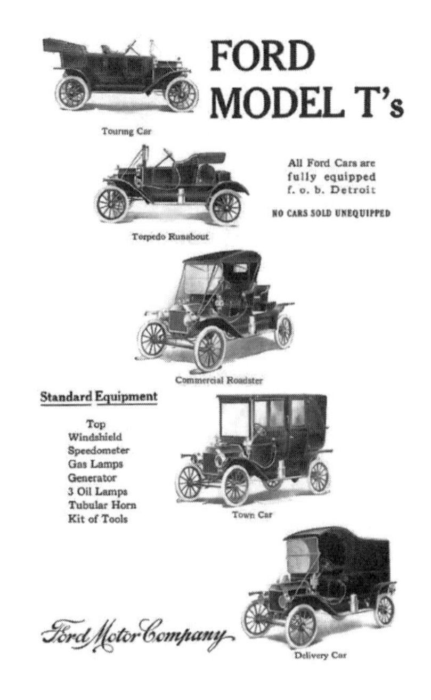

提供：トヨタ博物館

いったと思われる。現在の流線型の車体構造の初期版という位置づけになるが、しかし上側２つのタイプでも現在とかなり異なるのは車輪の位置だ。ボディの最前面や最後尾に付いていて、これは19世紀までの馬車の形状の影響を受けている。写真13の下側３つは結果的にヒットしなかったとはいえ、シルエットは完全に馬車だ。馬車のボディにエンジンを付けて自動車にした格好となる。

つまり、100年前の大変革期、馬車から自動車に移行する時代、その両者はまったく異なる製品であるにもかかわらず、最初は前時代の製品の延長としてデザインされ、次第にガソリン車として最適な構造になってきたという歴史がある。現在、トヨタの豊田章男社長（執筆時点）がいうように、自動車産業は100年ぶりの大変革期だ。駆動系は電動化し、自動運転システムの搭載によって操作は手動から自動になる。そして車室内では多様な車載コンテンツが楽しめる空間になる。その帰結として、クルマの「カタチ」は必ず変わることになるだろう。現在進行形で米中などにて盛んに実証が進む、自動走行する無人タクシーはこれまでの自動車と同じような車室内空間をもっているが、それは初期のＴ型フォードが馬車のようなかたちをしていたのと同様、過渡期の製品といわれるようになるだろう。

仮に車載コンテンツによる車室内でのさまざまな体験が今後のクルマにとって重要との認識が広まれば、車載コンテンツが十分に機能するための条件がクルマには必要になる。求められるクルマの仕様として、いくつかの条件を指摘できる。

まず自動車の後継製品である以上は当然ながら駆動装置が付いていることだが、一方でそれは必ずしも高性能である必要はなくなる。居住空間としての快適さは求められるものの、加速の良さや最高速度の速さなどは不要になるかもしれない。一方で、総合的な五感刺激に適した空間であることが求められる。特に最も影響の大きい視覚面での刺激を十二分に与えられることが必要だ。車窓ARが実現できる時代になれば、車窓がよくみえる構造にする必要があるだろう。そして車室内でさまざまな作業ができるよう、テーブルがあったり、身体を動かすためのスペースがあったりすることが求められるかもしれない。できれば車室内が、利用者の作業内容に応じて変形するとよい。また、利用者からはみえない点として、高性能な演算装置を備えていることも必要だ。一部のデータはクラウドで処理することを考えると、高速通信できる環境が求められる。そうなると、おそらくチップや通信機器周辺の熱処理や電力使用量の抑制が課題になる。

条件をできるだけ拾うように記述すると上記のようになるが、実はこれは、自動運転システムを搭載する一部の実証車両の方向性とかなり一致する。たとえばトヨタの「e-Pallet」や、日本でもよく用いられる、フランスのベンチャー企業ナビヤ社の自動走行バス「NAVYA ARMA（ナビヤ アルマ）」などであり、全体の形状は直方体で、車窓は天井も含めて全方向に向けて設置可能であり、乗り降りしやすいようドアは大きく開き、シートは可動式で空間の形状を変えることができる。これらはまだ主にコンセプトカーとして認識されているが、今後、19世紀までの馬車、20世紀のガソリン車に続いて、21世紀は直方体のクルマが当然のようになる可能性が想定される。

そうなると、直方体のクルマがさまざまな自動車ブランドから販売されるようになるわけだが、もしかしたらそれらは一瞥して見分けがつかないようになるかもしれない。現在のスマホでいえば、もちろんアップル製のiPhoneとサムスン製のGalaxy

とOPPO製のRenoはまったく中身が違うものだが、とはいえ10m先からみたら同じような製品にみえるように、クルマもどのブランドのものであってもパッとみて同じような外観になる可能性がある。デザインの巧拙の基準がいまとまったく異なる状況になるかもしれない。

このように、車載コンテンツ市場形成などの自動車DXによって、おそらく自動車の製品仕様も変わってくることが当然となる。しかし製品仕様の変化は一気呵成に進むものではない。とはいえ変わらないと考えるほうが不自然であり、たとえば直方体車両が普及するというような可能性を、車載コンテンツ市場に関連しうるプレイヤーは想定しておくべきと思われる。

2 自動車の中核的価値の変化

マーケティングの大家であるコトラーは、『マーケティング原理 第９版―基礎理論から実践戦略まで』（フィリップ・コトラー／ゲイリー・アームストロング著、和田充夫監訳、2003年、ダイヤモンド社）にて製品の価値を３つの層に分けて整理することを提唱している。３層に分類することで、製品企画やプロモーション検討の際の議論に役立てようというものだ。第１層は中核となる価値、第２層は製品の特性、第３層は製品の付随的な機能とされる。

自動車の場合、表現の仕方自体が議論の対象となるが、中核

図表７－１　自動車のプロダクト３層構造の変化

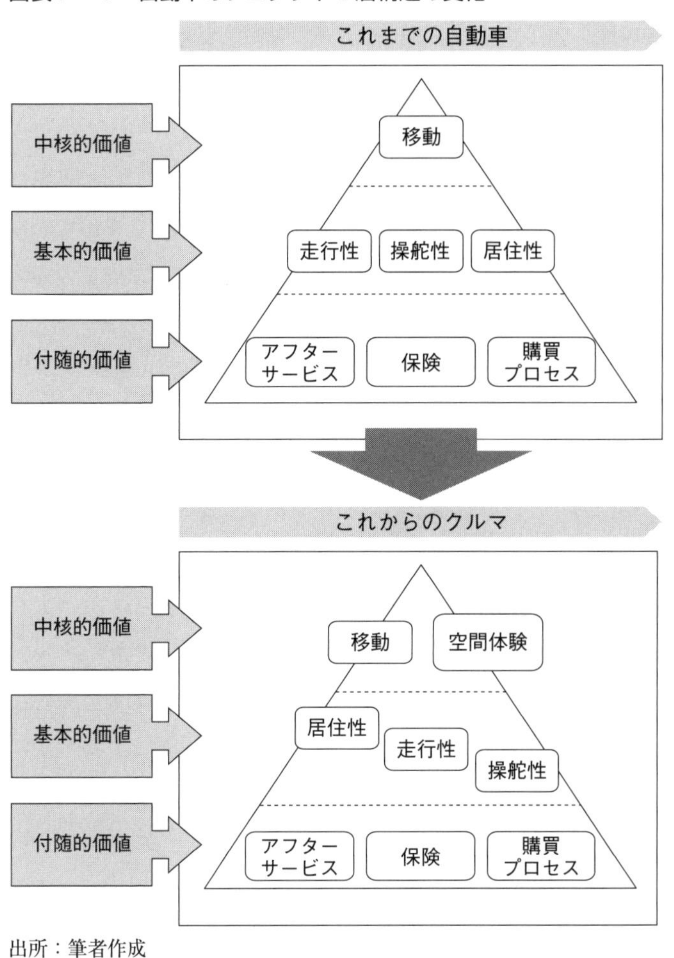

出所：筆者作成

となる価値は、移動できることという表現が一般的なようだ。これは、Ｔ型フォードの生産開始以来過去100年以上にわたって変わらなかったことといえる。製品の特性としては走行性、操舵性、居住性という整理がされ、付随的な機能としてはアフターサービスや保険などがあげられる。

自動車DXや車載コンテンツ市場の形成によって、このような整理は再考が必要になる。なぜなら利用者としては、車載コンテンツによってその車室内での体験にこそ価値を見出すようになるからであり、移動できることというのは車室内での体験の追加的な機能という位置づけになるかもしれないからだ。それはさすがに言い過ぎだとしても、第5章にてDUAL MOVEと表現したように、身体をMOVEさせるだけでなく気持ちをMOVEさせる機能の重要度が上がることで、中核となる価値は移動のみと言い切っていいわけではなくなってくる。もちろん、プロダクト3層モデルをフォーマットとする議論に正解があるわけではなく、論者によって意見が変わってくるはずだが、少なくとも、車室内での体験という新たな価値が、クルマの中核的な価値の1つとして浮上してくることは間違いないだろう。その新たな価値が今後どのように位置づけられるのかについては、実際の技術や製品・サービスの進化を待っての議論となるだろう。

とはいえもう少しこの議論を続けると、仮に車室内での体験価値を高める車載コンテンツが実際に数多く普及して、それは停車中でも利用する価値があると認識されるような状況になれば、クルマは「1.5番目の場所」というとらえ方がされるようになるかもしれない。というのは、自宅の敷地内にあって、自宅の家屋のなかとはちょっと違うデジタル空間という認識が広まるという可能性だ。カフェなどを３番目の居場所と呼ぶのは一般的で、１番目が自宅、２番目が職場や学校という整理がされているが、クルマはこの１番目の場所の、ガレージなどちょっとだけ外側に存在している空間というイメージになる。たとえば、自宅で家族とくつろぐ時間を過ごした後、デジタル空間であるクルマに１人で乗り込み、停車したまま世界中にいる同好の士と同じゲームを楽しむというようなユースケースが想定される。そこまで変化が進むのか当然まだわからないが、クルマを企画する関係者としてはそのような可能性を見越しておくことも必要かもしれない。

ところでプロダクト３層モデルの第２層である製品の特性は、走行性、操舵性という表現がされるが、このモデルでの議論に限らず、自動車の場合「○○性」という言い方で特性が説明されることも多い。これも正解のある整理ではないものの、できるだけ網羅するようにまとめると、図表７－２のようになる。

まず当然の特性として安全性がある。もう少し分解すれば、衝突安全、予防安全、衝突時の歩行者保護機能などとなる。そして走行性や操舵性という特性があり、直進安定性や加速性、ハンドリング、ブレーキングなどを含む。1970年代頃からは環境性が重視されている。燃費の良さや製造工程での資源使用量の少なさなどだ。児童労働の禁止など環境面だけでない社会的な善の追求というとらえ方に変わりつつあるかもしれない。ま

図表7－2　自動車がもつべき特性

特性	内容
安全性	予防安全、衝突安全、歩行者保護など
走行性 操舵性	走行安定性、悪路走破性、加速性、ハンドリング、ブレーキング、運転者姿勢保持など
環境性	燃費効率、ライフサイクルでの資源効率、社会的に適切な工程など
居住性	広さ・開放感、静粛さ、乗降しやすさ、コンポーネントの操作性、計器類の視認性、オーディオの音質など
意匠性	内外装の見栄え、質感など
コンテンツ 包容性	実装できるコンテンツの多様性、没入感、使いやすさなど

出所：筆者作成

たプレミアムブランドであるほど、居住性や内外装の意匠性が求められる。このような分類は絶対のものではないが、たとえばこのように、自動車の特性として、5つの「○○性」に整理できる。

自動車に求めるこのような特性は、製品の進化とともに次々と追加されてきたものだ。安全性は当然と述べたが、100年前にどの程度重視されていたかは若干疑わしく、少なくともいまほどではなかったことは間違いない。環境性が重視されるようになったのは環境破壊への懸念の高まりという時代背景、あるいは人類全体の視野の広がりがある。つまり社会的背景や関連技術の進化によって、新たな特性が次々と求められてきた。

今後、車室内のデジタル化が進むことで、居住性とはやや異なる新たな特性が求められるようになるだろう。移動に並びうる価値として車室内での体験という価値が浮上するにあたって、多様な車載コンテンツが使える環境が車室内に整備されていることが前提になる。それは「コンテンツ包容性」とでもいうような、多種多様の魅力をもつコンテンツの表現を許容する機能、そのようなコンテンツをストレスなく使える機能などがクルマに求められる。これは、人気のスマホがさまざまなアプリを使えるシステムを備えているのに似ていて、時々しか使わないコンテンツも含めて、使おうと思えば使える構造をクルマとしてもつことが求められる。ここでは「コンテンツ包容性」と仮に表現したが、具体的にどのような特性になるのか、これも今後の実際の進化のなかで徐々に定まっていくだろう。

なお、「○○性」という言い回しのなかには、身体拡張性という表現もある。自分の手足の延長のように自動車を操ることができるという意味だ。足でアクセルを踏み込めば加速して、手でハンドルを回せば旋回するように、自動車はたしかに身体の拡張のようにも感じ取れる。だが自動運転の時代になれば手動での操作は不要になり、さらにクルマが車載コンテンツを楽しむための装置となれば駆動系の機能の重要度は下がる。思うに、断言するのはもちろんむずかしいが、身体拡張性という特性があったからこそ、自動車は他の工業製品とは違う、「愛車」というポジションを獲得できていたのではないだろうか。自動車DXによりその特殊性がなくなり、スマホのようにコンテンツの器となるとき、人々のクルマに対する愛はどのように変容するのだろうか。

一部には、自動車の価値とは運転する喜びであり、人馬一体の感覚ともいわれる身体拡張感こそが大事であり、愛車とともにまだみぬ道を開拓していく、それが心を震わせるのだという人もいるだろう。筆者自身もそのような価値を感じていないわけではなくて、たとえば東京の入り組んだ首都高をするすると走り抜けるのは楽しいし、海外のアウトバーンでエンジンを一気にふかして加速するのも気分がいい。ナビの案内に逆らって知らない道を走ってみるのもわくわくする。しかし、あくまでそれは趣味や嗜好の世界であり、おそらくニッチで贅沢なアクティビティだ。この場合のニッチというのは、特定の人にのみ特化しているという意味でもあるし、特定のシーンにのみ特化しているという意味でもある。100万円以上かけて家族みんなで購入する製品に、だれか１人の何か特定のシーンでの趣味の都合だけを反映させるわけにもいかないというのが、ほとんどの世帯の実情だろう。社会全体として多くの製品やサービスが手軽に簡単に利用できるよう変化し続けるなかで、自動車だけが、不便ながらも感じ取れる喜びを前面に押し出し続けるわけにはいかないように思われる。

3 ビジネスモデルの変化

自動車の産業構造には、前章にて詳述したとおり、ロングテール化、プラットフォーム化、スマイルカーブ化という変化が起きるだろう。自動車関連メーカーにとっては脅威でもあるがこの変化を好機に変えうる可能性もある。

自動車メーカーとしては、車載コンテンツ市場は自動車産業全体に比べて規模が小さいと見込んで、コンテンツには基本的にかかわらないというスタンスもとりうる。そのような市場が形成されても、あくまでハードウェアの設計や製造に特化するという方針だ。コンテンツ利用に適した設計は採用するものの、その設計は外部のIT企業などからの助言を得て行うことになるだろう。

車載コンテンツ市場の影響力が小さいうちは、IT企業などからの助言はあくまで参考材料ということになる。「走る、曲がる、止まる」などの自動車の特性を補うものという位置づけだ。しかしエンドユーザーが車載コンテンツによる空間体験を移動に匹敵する価値として認識するような時代が到来すれば、助言は助言という扱いではすまなくなり、自動車メーカーに対する要求仕様という位置づけになるかもしれない。

その方針を突き詰めると、自動車メーカーが提供するのは生産受託サービスという事業形態になる。あるいは、クルマの一部の設計や製造を担うエンジニアリングサービスという形態もありうる。車載コンテンツの基盤システムを運用する事業者などからの要請に基づいてクルマを設計したり生産したりするという役割だ。産業構造の頂点から降りる格好になるが、それが絶対にダメだというわけではない。むしろ従来の自社の事業構造や組織体制からみれば、生産受託サービス企業などに転身するほうが社内外の軋轢も少ないし規模を拡大できるという判断をする自動車メーカーも出てくるだろう。

あくまで可能性としてだが、IT企業などがデザインするクルマの人気が高まれば、自動車のエンジニアリングサービスや生産受託サービスの重要性は高まる。すでにカナダのMagna Internationalのようなエンジニアリング&生産受託サービスを担う企業は、欧州のプレミアムブランドの一部の車種の設計・生産を請け負っている。中国の新興EVブランドも、欧州のエンジニアリングサービス企業に委託しているといわれる。グローバルで中堅規模といわれる自動車メーカーは、自らその道を積極的に進むというのも戦略的選択の1つだろう。

とはいえグローバルにはMagna Internationalをはじめそのような専業企業が存在している。異業種からの参入となる鴻海精密工業は自動車の生産受託サービスを担うという方針を明確化しており、中国の大手自動車メーカーのトップがそのような可能性に言及していたりもする。はたして、これまで高品質な製品を総合力を駆使して設計・生産していた日系メーカーが、サプライチェーンの一部のみを担うサービス企業に転換できるかについてはおおいに疑問が残るといえる。

大手自動車メーカーには、車載コンテンツ市場が形成されても自社の利益率を維持拡大するための戦略が求められるだろう。そのためには、新たなパートナーを味方につける必要がある。そして、自社の人材のスキルセットを変える必要がある。

車載コンテンツ市場での事業は、開放型ビジネスとなる。プラットフォーマーが現れる一方で、そこから煙のようにもくもくと立ちのぼるコンテンツが無数に現れる。すべてのコンテンツが等しく重要というわけではなく、任天堂のファミコンが爆発的にヒットをした時の「スーパーマリオブラザーズ」や、スマホの普及を急加速させた各種SNSのように、キラーとなるコンテンツが当初はカギを握るかもしれない。

キラーコンテンツを制作するようなプレイヤーがどのような属性の事業者なのかまだわからないが、自動車メーカー自身と考えるのは無理があるかもしれない。なぜなら映像や音楽などのコンテンツを制作し利用者の心を震わせるノウハウを自動車メーカーがもっているわけではないからだ。それがたとえば映像制作会社やゲーム制作会社のような事業者だとすれば、そのようなプレイヤーの声を傾聴し、対話を通じて望ましいクルマの仕様を検討していくことが求められる。あるいはキラーコンテンツだけでなく、ロングテール化するコンテンツの隅々にまで気を配り、自社に比べればごくごく規模の小さい事業者の意見を取り入れていくスタンスが望ましいことになる。

自社自身でマーケティング活動を行い、車両をデザインし、各種コンポーネントの仕様を決め、生産計画を策定し、グループのディーラーで販売していた従来の事業構造とは様相が異なってくる。大小さまざまなコンテンツ制作者と対等な関係での情報交換を行ったり、従来はエンドユーザーに対して行っていたようにアドバイスを求める姿勢での活動を行ったりすることで、コンテンツ制作者のような新たなパートナーとの信頼関係の構築ができるようになる。抽象的に平たくまとめると、オープンなエコシステム構築活動が自動車メーカーやそのメンバーに求められるようになるだろう。これは、これまでの自動車メーカーの人材がもつスキルセットでは対応しにくい取組みとなる。人材のリスキリングや、新たな人材の獲得やチームアップが必要だ。

メンバーのリスキリングの必要性は、むしろこちらはよくいわれる点だが、エンジニアリング面でも同様だ。機械工学や製造技術、流体力学といった技術に加えて、ソフトウェア側のスキルが求められるようになる。従来の技術が次第に性能限界のフェーズを迎えるようになるなかで、従来領域のエンジニアにソフトウェア側の技能が求められるようになる。自動運転システムはすでに外部のテック企業での開発が進んでいるが、それだけではなく、車室内空間でのデジタル化に関する知見が必要となる。

クルマを販売する際のお金の流れも変わりうる。車載コンテンツは、スマホのアプリと同じように、利用したぶんに応じて課金されることになるだろう。ゲームアプリのように、コンテンツのなかで追加料金がかかるようになるかもしれない。あるいはコンテンツ利用の対価として個人情報を提供してもらうというモデルも想定される。いずれにせよクルマを販売する側としては、クルマ本体の販売時に売上げを立てられなくても、利用期間中の課金などでコストを回収するという構造もありうるようになる。極端にいえば、最初はタダで提供し、基本コンテンツの利用料金としてサブスクリプションのように売上げを立てる方法もありうる。利用者の都合によってお金の流れを変えるということもできるだろう。

このように、産業構造やビジネスモデルが大きく変化する可能性が想定される。先述したように利用者にとっての利用価値や製品の仕様も変わり、これらが同時並行で総合的に変わるという自動車DXが、車載コンテンツ市場の形成によって起きる。車載コンテンツ市場は、2020年代半ば以降の自動車産業をトランスフォームすることになる。

4 実現に向けてのミッシングリンク

ここまで変化の方向性としてさまざまな切り口で整理したが、とはいえ車載コンテンツ市場がそう簡単に立ち上がるわけではないだろう。実現には複数のミッシングリンクがあり、それらが１つずつ解消されることで次第に可能性が高まってくる。一方でどれか１つが解消されることで一気呵成に立ち上がることになるかもしれない。ここでは、技術面、制度面、エコシステム面についてのミッシングリンクを整理したい。

① 技術面

まず重要なのは技術面だ。没入感のあるコンテンツを提供するには、現状の車載機器やシステムだけでは限界がある。一部ではすでに複数の五感を同時に刺激するコンテンツがみられるが、車室内空間としてさらに一体感のあるコンテンツが重要となるだろう。そのためには、視覚的な刺激の高度化、車載コンピュータの高性能化、データ解析手法の多様化が必要だ。

特に映像などを表示する視覚面は最重要となるだろう。利用者がコンテンツに没入するには全方位での映像表示が望ましく、車窓の使い方がポイントとなる。車窓すべてに映像が出せるようになれば、前後左右に別世界を広げることが可能だ。ヘッドマウントディスプレイを使わずにXRの世界を表現するのに等しい。すでに搭載されているHUDは、現状では運転者の視界前方に小さくARを表示するにとどまるが、それを大きく表示できるようにさせることで実現可能かもしれない。あるいはガラスの中間膜に、液晶フィルムや自発光膜などなんらかの仕掛けを施すことで実現できるかもしれない。OLED（Organic Light Emitting Diode、有機発光ダイオード）の高強度化でもよい。なんらかの方法で、過酷な車載環境に耐えうる透明なディスプレイの車窓化が望まれる。

車窓に映像が表示できるようになれば、車窓越しにみえる実際の景色に、ARオブジェクトを重ね合わせて表現することができる。景色を借りながらXRの世界を表現できるようになることで、車載コンテンツに無限の可能性が生まれる。その際、景色と少しでもずれていると興ざめすることになる。数m先のガードレールから数十km先の山並みまで、近距離から遠距離すべての景色をなんらかの方法で認識し、それらの構造物や自然物にARをピタリと重ねて表現する技術が求められる。クルマには複数人が乗ることも当然想定されるなかで、だれに対して刺激を与えるのかという選択が必要かもしれない。あるいは、複数人に対して同時に同じARをみせるための技術が必要となるだろう。このようなシステムの登場が、車載コンテンツ市場形成のブレイクスルー要因になるかもしれない。

視覚的な刺激を中心に、聴覚面、嗅覚面、触覚面の制御が求められる。複数の装置を同時に管理することになり、必要となるコンピューティングパワーは現状よりも飛躍的に大きくなる。米中の新興EVブランドには現状でもゲームエンジンが搭載されているが、今後はより高性能なものが求められる。日進月歩の半導体技術の向上と歩をあわせ、車載用途でも最先端のCPU/GPUが搭載されるようになるだろう。通信環境は５Ｇさらには６Ｇとなり、クラウド側との同時的なデータ連携がされるようになる。

データ解析のアルゴリズムの高度化も必要となる。特に各種バイタルサインが取得できたときに、それらに基づいて利用者の喜怒哀楽を推定することが望ましい。表情の変化に乏しい日本人は推定がむずかしいともいわれるように、国や地域ごとに解析手法が構築されていくのが望ましいだろう。

② 制度面

技術的に実現できれば社会に実装できるというわけではない。自動車はひとたび事故が起きれば人命にかかわる製品であり、道路という公共インフラを用いる製品であり、高度な規制のもとで用いられるものだ。技術の次のミッシングリンクは制度への適合性であり、あるいは技術進化に伴う制度側の変化となる。

特に車窓へのAR表示は制度面でも主要な論点となるだろう。手動で運転するのが当たり前の現在、フロントウィンドウに何かを表示することへの拒否反応は大きい。一部のプレミアムブランドではすでにHUDによってARが表示されているが、それは右左折の際の方向指示や走行すべき車線の表示など、運転を支援するための情報に限定される。運転している人に対して、動物のARや同乗者の気を引くための映像など運転に関係のないコンテンツを視界正面に表示するとしたら、確実に事故の頻度は高まってしまうだろう。

一方で逆にいえば、運転していない人に対してのコンテンツには大きな可能性がある。現時点でも後部座席に乗っている人に対するコンテンツの提供は実現可能だ。リアサイドウィンドウを用いることで視覚的な刺激を提供することができる。乗用車ではなくバスなどであれば後部座席には数十人が乗っており、多様なニーズに応えることができるだろう。さらに自動運転システムが実装されれば問題はよりシンプルになる。レベル３以上の自動運転システムが動作している最中であれば、フロントウィンドウも含めてARが表示されていてもさしつかえはない。運転権限をシステムから運転者に移譲する際の問題が解消されれば、極端な話、外の景色がほとんどみえなくなっても問題はないのかもしれない。

とはいえ現在のレギュレーションでは、フロントウィンドウへの映像表示には規制がかけられている。手動で運転する前提での制度となるため当然の措置といえる。具体的には国際連合規則の１つであり、欧州経済委員会のもとにある自動車基準調和世界フォーラム（通称「WP29」）での規制となる。WP29には、欧州諸国や日米中韓豪などが参加している。この場合、特に関連するのは、125条の「Forward field of vision of drivers」や46条の「Devices for indirect vision」となるが、現状では、フロントウィンドウの上縁20％を除いた部分やフロントサイドウィンドウは、可視光線透過率70％以上の透明性が確保されていること、道路標識や交通信号の色が視認できることが必要と定められている。ちなみにフロントウィンドウの上縁20％は透明であることを除いてその限りではなく、そのためバックミラーがあってもよいし、ドライブレコーダーのカメラや車検証のシールなどがあっても問題なしとなる。

各国での制度はWP29での規制をもとに設定されていて、たとえば日本では道路運送車両法や車両の保安基準などとなる。

同基準の29条「窓ガラス」では３項にて「前面ガラス及び側面ガラス（告示で定める部分を除く。）は、運転者の視野を妨げないものとして、ひずみ、可視光線の透過率等に関し告示で定める基準に適合するものでなければならない」とされ、さらに詳細は告示にて設定されており、その内容はWP29に沿ったものとなる。つまりWP29に参加する諸国では、フロントウィンドウなどへの運転支援以外のAR表示はNGということだ。

ただ、このような規則や基準は、社会的背景や技術進化によって変化するということも想定しておかなければならない。今後、米国や中国などいずれかの地域で高度な車載コンテンツが実質的に用いられ始め、それが規制のグレーゾーンであったとしても事実上普及するということになれば、規則は後付けで改正されることになる。明確な違反ではなく、最初は規制のあいまいな部分を衝いて実装させるということになるかもしれない。もちろん安全確保、人命へのリスクを最小限にという大前提は確保しつつも、あまりに現状維持を徹底しすぎると、新たな動きをみせる地域やプレイヤーの後塵を拝することになりかねない。

WP29の会議に出席するメンバーに話を聞いても、具体的にいつどのようにという点は明示できないものの、今後、自動運転が実装されるようになればさまざまな制度が変わってくるという見通しもあるようだ。実際、たとえば上記の125条だけとってもこれまで何度か改正されたり追記事項が加えられたりしている。自動車産業内外の環境次第で、利用できる車載コンテンツの幅が変わってくるのも当然な流れだろう。むしろ関連する事業者にとっては、自陣営にとって都合の良い制度となるよう国際機関や政府機関に働きかけたり、自らルールメイキングを行う主体になることが求められているといえる。

WP29は、サイバーセキュリティに関する基準をつくる役割も担っており、155条の「Cyber security and cyber security management system」などが該当する。現時点ですでに、1台の自動車に書き込まれるソースコードの行数はPCやスマホと同程度の1億行に達しており、自動車は毎月30万回のサイバーアタックを受けているといわれる。車載コンテンツが普及するようになればシステムはさらに複雑になるし、多数のサードパーティによるコンテンツがアドホックに車載システムのうえで動作するようになり、サイバーアタックのリスクはさらに高まる。そのリスクや被害を最小化するための取組みが必要となる。1台が攻撃を受けると連鎖的に世界中のクルマに被害が拡大するおそれもあるため、世界共通の基準づくりが望まれる。このような「守り」としての制度づくりも、車載コンテンツの普及とともに必要となるだろう。

③ エコシステム面

技術的にも制度的にも懸念が解消されたとしても、必然的に普及するというわけではない。当然、それを利用する人々が利用したいと思うようになってはじめて実現することになる。新製品や新サービスは、最初はさまざまな批判を浴びるのが宿命ともいえる。危ないのではないか、酔うのではないか、むしろ心理的な負荷が大きくてつらくなるのではないかなど、多くの心配が示されることになるだろう。特に日本のように経済成長が長期にわたって停滞している社会ではその傾向が強いだろう。

そのため、いきなりすべての事業者や世界中の人々を対象にするのではなく、一部の地域、一部のプレイヤーでのスモールスタートが望まれる。基盤システムとしては最終的には多種多様のコンテンツを搭載できる仕組みを想定しておかなければならないが、最初は特定の場所にて特定のサービス向けに実装してみるという進め方が有望となるだろう。あるいは、高度な車載コンテンツの提供に特化したクルマのブランドを立ち上げ専用の車種を製作して、一部のイノベーター人材にのみ提供するという方法もあるだろう。

コンテンツ制作者や場所を運営するプレイヤーなど、関連事業者もスモールスタートのほうが集まりやすいかもしれない。当初からマス向けのコンテンツを制作するよりも、特定のシーンを念頭に実験的に提供してみるというほうが、効果検証も含めて実行しやすい状況になるといえる。つまり有志連合のような形態で、車体を製作する役割、車載機器を搭載する役割、関連システムを構築する役割、コンテンツを制作する役割、それらの車両やシステムが動作する場所を運営する役割など、さまざまな役割を担う複数のプレイヤーが協力して実施してみるという動きが検討できる。さらにもしそのような車両が公道を走行することになれば、特区の設定や特別な許認可など、政府機関も役割を担うことが必要になる。

ある場所で成功したら、他の場所からも引き合いを受けることになる。そうなればコンテンツ制作者も大きな価値を感じるだろうし、基盤システムも事業性を確保できるようになるかもしれない。車体や車載機器メーカーにも十分な経済価値をもたらすようになる。そして何より利用者の心理的なハードルが下がり、良い意味で「慣れ」が生まれることでグローバルに展開していくようになる。

車載コンテンツ市場は産業構造がオープンになり、いままでよりも複雑なエコシステムが必要となるなかで、まずはスモールスタートでの実証的な活動が望ましい。そのような動きを先導できる国や地域を中心に新たなエコシステムが築かれることになるだろうし、制度的にもその動きを中心に構築されていくことになるだろう。

5 新たな構造の構築に向けて

本書は、車載コンテンツ市場が実現している状況というまだみぬ世界を念頭に、「かもしれない」という言い回しも多用しつつ方向性に関する話を進めてきた。当然、ここで書いたとおりに進まない可能性のほうが高いかもしれないが、本書で書いたことがまったく進まないという可能性はきわめて低いだろう。そうではないかもしれないがそうかもしれない世界、まったくそのとおりになる可能性は低いがまるでそうならない可能性はもっと低い世界を表現した。車室内でのデジタルコンテンツが普及するという方向で、なんらかの変化が進むという前提でいなければならない。

たしかに一部のコンテンツは地域との連携が重要になるものの、車載コンテンツ市場全体はグローバルで形成されるものとなる。車体含め一部のハードウェアは日系メーカーが設計する一方で、ほとんどのシステムは海外でつくられるという可能性や、クルマの生産も海外企業が海外の工場で行うという可能性もありうる。米国系はじめ大手IT企業の一部は、おそらく車載コンテンツ市場のような新市場を想定している。そして基盤システムのポジションをねらっており、お金やデータのハブとなる位置に座りたいと考えている。動きが活発な中国でのIT企業のねらいはもっとあからさまで、HuaweiやAlibabaなどは自動車メーカーとの合弁ブランドを立ち上げていて、ほぼ間違いなく、プラットフォーマーのポジションを志向していると考えるべきだ。これら米中のIT企業は、自社がもつ既存のSNSやデータ基盤と連携し、クルマと家、クルマとオフィスなどあらゆる生活拠点をつないだサービスを提供しようと考えている。

クルマには、馬車が自動車に取って代わられたとき以上の変化が起きようとしている。現在の業界関係者の皆様への失礼を承知でいえば、2020年代前半までの自動車は、21世紀後半からみたら骨董品のようにみられるのかもしれない。油を燃やしながら走る？　怖いでしょ……。人間が目視で操作する？　危ないでしょ……。車室内で何もすることがない？　時間の無駄でしょ……。このような見方が一般的なものになっているのかもしれない。変化が起きれば、栄える者と衰える者がいるのは歴史の必然で、いちはやく変化に対応した者が次の時代の旨味を得る。旧時代に安穏としている者は、徐々に取り分を減らしていく。

日本は自動車が基幹産業だ。20世紀後半以降の自動車産業にて確固たる地位を築いている事業者が複数のレイヤーに多数いる。しかし当然ながら、このようなポジションのプレイヤーは新たな変化に感づいていても反応しにくい。現状を守ることができたほうが望ましいからであり、変化自体をリスクととらえる向きもある。一般論として、数年ごとにトップの体制が変わってしまう組織は中長期的な方針を打ち出しにくい。

一方で日本には、新たな車載コンテンツ市場の形成に有利な経済・社会の構造をもっているという面もある。自動車メーカーという巨大戦艦が複数あり、それに連なる格好で要素技術をもつプレイヤーが多数存在している。自動車以外の電機・電子、医薬品・医療機器といった産業でも世界的な競争力をもつメーカーがいて、クルマが五感をさまざまに刺激する総合的な工業製品になる際にはそれらの技術の応用も期待できる。さらにはコンテンツをもつプレイヤーとしても、映像、アニメ、音楽などバラエティに富む主体が数多く存在している。徐々に相対的な下降線をたどっているとはいえ、まだまだ一般世帯にも一定の収入がある。政府も十分に善良で優秀だ。これだけの要素が、人口１億人強というそこそこ大きな市場にギュッと凝縮されている。オールジャパンなどといえば平板になるが、少なくとも新市場を形成する際に必要なプレイヤーはそろっているといえる。

最も不足しているのは、新市場を形成しようという構想への包容力だ。このまま進めば日本の基幹産業は衰退するという健全な危機感のもと、そうではないかもしれないがそうかもしれない未来を描き、そうかもしれないと共感してくれる社内外のメンバーを集め、スモールスタートで技術的・制度的な壁を乗り越えていけるスキルや人材が必要であり、そのような人材を鬱陶しがらずに突っ走らせることができる組織が求められる。振り返れば過去30年から40年、それは日本の組織が最も苦手としてきたことなのかもしれない。しかしここで乗り越えることができなければ、自動車産業という日本経済最後の砦が破られてしまうだろう。

車載コンテンツ市場の形成による自動車DXが実現すれば、クルマの価値の源泉の、少なくとも一部は車載コンテンツ側に移る。車載コンテンツによってクルマという完成品全体が規定されるようになれば、クルマの価値の大部分はコンテンツによって握られることになる。車載コンテンツの基盤システム運営というポジションを海外勢にとられれば、日本社会全体としては負の影響のほうが大きくなる。日本は官民一体となって、このような市場の創出を促し、産業の育成を図るべきだ。

幸いなことに、本書執筆段階ではまだまだ変化の予兆の段階だ。このような予兆は、気づく人には気づかれるし、気づかない人には気づかれない。気づかない人に罪はなく、気づく環境にいなかっただけで、無過失といえる。むしろ気づいた人には、この予兆を幻想に終わらせないよう、悪夢にならないよう取組みを進める義務がある。果敢に進めれば、時には冷笑されることもあるだろう。後になって「いや、実は自分もそう思っていた。むしろ自分こそそう思っていた」などといわれるのが目にみえているということもあるだろう。しかしそれでも進めなければ産業や社会の地盤沈下が始まってくる。この予兆が幻想に終わるのか現実のものとなるのか、現実となった際にそれが望ましい世界となっているのか、それは、いちはやく気づいた人のこの先の動きにかかっていると思われる。

おわりに

本書は私にとって初めての単著で、以前から今回のテーマで１冊書いてみたいとの思いは長らくあったものの、株式会社きんざい（現・一般社団法人金融財政事情研究会）さんからいざ書籍化OKのお返事をいただくと同時に嬉しさと不安の両方が込み上げてきて、おそらくこの不安のほうは時間が経つほどに大きくなるだろうと思い、その場で章の構成をだいたい決めて、その週末から書き始めた。第１章から順々にお読みくださった方はもしかしたらお気づきになったかもしれないが、前半の章のほうが生真面目で堅苦しい。冒頭の数行は居住まいを正して執筆に取り組んだという感じだった。

しかしもともと精緻な論文より散文的なコラムを書くほうが好きだという性分もあり、第４章以降は内容もファクトベースというよりはイメージや構想といったものに発展していくということもあり、後半になるにつれて伸び伸びと書かせていただいた。特に第５章での４つの短編の物語はこの本で特に記載したかったもので、ひとたび書いてみると、この雰囲気をビジュアルにお伝えしたいとの思いを強くし、物語を象徴するようなイラストをデザインスタジオ・maruさんにご制作いただくことにした。クルマの窓の向こうにXRの動物が出てきてワイワイしている感じという「謎のオーダー」にもかかわらず、maruさんには親身にご対応いただきあっという間に描いていただいた。

終盤に至る頃には、もっともっと書きたいことがある！という気持ちになってきたところで最終章を迎えることになった。2022年の秋から冬頃、ほとんどの章は、週末の明け方から朝にかけて自宅の机で執筆したものになる。なぜ明け方なのかというと、朝になると寝起きのよい３歳の息子が「あそぼー！」と勢いよく飛び込んでくるのだが、その合図を締め切りとすることで、逆にそれまでの数時間は集中して執筆できるからだった。パソコンに向かって作業している部屋のドアがババーンと開かれる大きな音にびっくりして手が止まるというのを毎週繰り返した。

この３歳児くんは毎度の締め切り通告人としての役割だけでなく、原稿のイメージ、ひいては未来のクルマのイメージを膨らませてくれる名人でもあった。書き残した原稿に後ろ髪の数本をちょっとだけ引かれつつミニカーやらプラレールやらで遊んでいると、この子は将来、どんなクルマに乗るのだろう、どんな移動体験をするのだろう、という思いになる。どんな人とどんな場所に行くのだろうか、運転免許を取りたいというのだろうか、その頃にそんな必要はあるのだろうか、自分で運転しないとなると、移動中に何をするのだろうか。そんなふうに思わせてくれた。車窓の向こうにXRの動物が出てきてワイワイするという移動体験、第５章ではシュミットさん親子にかわってもらったが、実はあれは私自身とうちの子のイメージだ。こんな楽しい移動体験をさせてあげたいとの思いから書いてみた。レオンくんは８歳としたので、いまから５年後までに実現されていなければならない。微妙なタイミングだ。せめて９歳、いや10歳にすべきだっただろうか。

そして最終章だけは、出張中に書かせてもらっている。コロナ禍が始まって以来３年ぶりの米国となる。本書は、第６章までは特にどこかの国や地域を応援するものではなかったが、シリコンバレーにて書いた最後の数節だけはむしろ日本に肩入れさせてもらった。久しぶりに日本を離れているからこそついつい力が入ったかもしれない。全力すぎて暴投なんじゃないかと思う箇所もあるが、海外にて感じる、日本にとっての危機感を綴らせてもらったという思いでいる。

本書のテーマである車載コンテンツ市場の可能性というのは、いまはまだ兆しの段階で、こんな技術がある、それはこんな使い方ができそう、こんなビジネスがありえるなど、さまざまなアイデアの点（dot）がバラバラに存在している状況だ。本書の内容に関係する機能の検討に携わっている方は、グローバルですでに結構な人数がいると認識している。しかしいま大事なのは、それこそスティーブ・ジョブズさんの名言とされる“connecting the dots”のような発想で、見え隠れする可能性の一つひとつの点をつないで全体像をイメージすること。技術や機能といった点としての兆しを、産業や社会という面に広げていく構想が求められるのではないか。この本はそういう試みとしてとらえてほしい。そうあらためて感じつつ、米国滞在中の最後の夜に最終章まで書き上げ、本書の第一稿が仕上がった。

そしてこのあとがきを、帰りの機内で書いている。シリコンバレーから、自分のホームの東京へ。やはり、大変僭越ではあるが、本書で書いたようなコンセプトの検討が、日本の自動車産業が引き続き世界に強い影響を与え続けるための一助になればと思う。もし、本書をきっかけとして何か次の動きにつながることがあるとしたら、筆者として大変嬉しい。

本書の内容は、所属する株式会社日本総合研究所での活動が基盤となっている。日本総研の創発戦略センターという部門はインキュベーション活動を繰り返し行う組織で、この組織の自由で自律的な環境があったからこそ、車載コンテンツ市場というイメージをどんどん膨らませることができた。特に2021年からのDUAL MOVEコンソーシアムを通して、多くの方と情報交換・意見交換をさせてもらっている。これからのクルマは、身体をMOVEするだけでなく、リッチなデジタルコンテンツによって気持ちもMOVEするものになるというコンセプト「DUAL MOVE」は、私なりに本書のテーマを長らく追いかけてきた末のもので、今後、注目してもらえるようになると嬉しい。

日本総研での活動としては、自動車産業の今後の方向性に関しての検討を重ねている。本書とは別の文脈で言えば、2010年代半ばごろから中国市場を起点に本格化した電動化の帰結として、自動車という製品には二極化が起きると想定している。つまり、かたや車両の仕様を必要最低限に絞り込むことによって小型で低価格の車両が普及する一方、かたや、電装系がさらに高度化し車室内空間が空間コンピュータと位置づけられるようになることでより高付加価値な製品として進化するというものだ。同じ乗用車でも、低価格市場とプレミアム市場の両方に裾野が広がっていくというイメージとなる。本書はプレミアム市場のほうに注目したものだ。

出版社、特に編集の山本さんには、DUAL MOVEというコンセプトにいち早くご注目いただだいた。原稿の隅々にまでお目通しいただき心より感謝です。

そして何より、本書を最後まで読んでくださった皆さまにお礼申し上げたい。当然至らない点も多々あると認識している。それでも、繰り返しになるが、皆さまがクルマへのイメージを膨らませたり、皆さまの関連する事業などのご検討に少しでも貢献できたらと考えている。本書が、自動車DXや車載コンテンツ市場の創出に向けて一石を投じることができたら嬉しいと思う次第です。最後までお付き合いいただき、ありがとうございました。

2023年1月

程塚　正史

■著者略歴

程塚　正史（ほどつか　まさし）

株式会社日本総合研究所 創発戦略センター シニアマネジャー

1982年生まれ。2005年に大学卒業後、中国・上海にてスタートアップ企業立ち上げなどを行う。帰国後は衆議院議員事務所、大学院修士課程、戦略コンサルティング会社を経て、2014年に株式会社日本総合研究所入社。自動車やモビリティサービス関連の研究会活動、実証活動、新事業創出を繰り返し行っており、2021年には自動車関連企業等とともに、車載コンテンツ市場の可能性を検証する「DUAL MOVEコンソーシアム」を提唱し設立。東京大学法学部卒、東京大学大学院新領域創成科学研究科修士課程修了。

KINZAIバリュー叢書
自動車DXと車載コンテンツ市場

2023年6月8日　第1刷発行

著　者　程　塚　正　史
発行者　加　藤　一　浩

〒160-8519　東京都新宿区南元町19
発　行　所　一般社団法人　金融財政事情研究会
出　版　部　TEL 03(3355)2251　FAX 03(3357)7416
販売受付　TEL 03(3358)2891　FAX 03(3358)0037
URL https://www.kinzai.jp/

校正:株式会社友人社／DTP・印刷:三松堂印刷株式会社

ISBN978-4-322-14343-0